KB022790

우리가 매일 차를 마신다면,

YOUR OWN TEA

by.magpie.and.tiger

차 한 잔의 루틴 시작하는 법

우리가 매일
차를 마신다면,

맥파이앤타이거 지음

찻잎을 따고

차를 만들고

테이블 위에,

작은 찻자리를 차리고

한 잔의 차를 우리고

마음에 빈 시간을 만들어주는 일.

차 한 잔의 루틴을 시작합니다.

여러분은 고민이나 잘 풀리지 않는 문제가 있을 때 어떻게 하시나요? 저는 문제가 생기면 어느 정도 묵혀두고 숙성해야 답을 찾을 수 있다고 믿는 편입니다. 머릿속에 질문을 심어두면 어느 날 하늘에서 떨어지는 벼락처럼 답을 찾게 될 거라는 조금은 막연한 믿음으로 오늘도 살아가고 있어요.

차 전문 브랜드 '맥파이앤타이거'를 준비할 때 우리가 하고 싶은 이야기가 무엇인지 고민하는 시간이 있었습니다. 처음 차를 마시기 시작한 순간, 맛과 향을 알아가던 시간, 만났던 사람들. 이 모두를 하나로 꿸 수 있는 이야기가 있으면 좋겠다는 마음이었습니다.

이 고민을 마음속에 묵혀두면서 하동을 찾아갔습니다. 찻잎을 따고, 말리고, 덖는 과정을 보면서 우리가 하고 싶은 이야기가 여기에 담겨 있다고 느꼈어요. 차를 만드는 일은 생각보다 지난합니다. 차 한 잔을 마시기 위해서 이렇게나 많은 과정과 손길이 닿아야 한다는 것이 여러 생각을 불러일으켰어요. 우리가 좋아하는 차 한 잔에 풍부한 역사와 다채로운 이야기, 그리고 사람과 태도가 담겨 있던 거예요.

다원 선생님께 인생에서 이루고 싶은 것이 무엇인지 여

줘본 적이 있어요. 선생님은 잠시 고민하시더니 "작년보다 더 맛있는 차를 만들고 싶다"고 하셨습니다. 어떻게 보면 소소하고, 어떻게 보면 가장 어려운 목표입니다. 차를 만드는 사람은 차를 닮았다는 생각이 스쳤어요. 10년 넘게 차를 덖고, 더 잘 만들기 위해서 고민하는 시간이 쌓이다 보면 어느새 차의 물성을 닮는 것일지도요. 그렇다면 사람들에게 '차와 닮은 삶'을 이야기해보자는 생각이 들었습니다. 어떤 태도를 '차와 닮았다'라고 할 수 있을까요.

아무리 혹독한 겨울이라도 봄이 오면 잎을 내는 차나무에서 '하루하루 정진하는 삶'을 떠올립니다. 어느 해, 지독한 냉해가 몰아치던 하동의 봄에도 딱 오늘 하루만큼 자라나는 새잎을 보며 '정성껏 지금을 사는 삶'을 느낍니다. 찻잎을 따고, 말리고, 덖어내는 지난한 과정을 거쳐야만 맛있는 차가 탄생하는 걸 보고는 '과정이 탄탄한 삶'을, 작년보다 올해, 올해보다 내년에 더 맛있는 차를 만들기 위해서 끊임없이 연구하는 다원 선생님을 보면서 '겸손한 자세로 배우는 삶'을 봅니다. 차를 만들다가도 좋아하는 향이 올라오면 바쁜 손을 잠시 멈추고 꼭 한번 향을 맡는다는 이야기에서 '과정에서 나를 홀대하지 않는 삶'을 떠올립니다. 그리고 이 모든 이야기를 조금은 가볍게 만들어줄 수 있는 약간의 '유쾌함'까지. 우리는 차에서 이런 삶을 찾아가고 있습니다.

너무 무거운 이야기가 되는 것 같으니 이 타이밍에 푸릇한 하동 녹차 한 잔을 우려봅니다. 고소하고 풋풋한 맛과 향 안에 때로는 은은한 새콤함과 묵직한 감칠맛을 찾아보는 거예요. 이제부터 여러분을 차의 세계로 초대하겠습니다.

 12

#1 차의 시간이 필요한 날들

차를 좋아하세요? 24

탄탄한 일상을 만드는 도구 27

혼자 오롯이 즐기는 차 33

함께 깊이 마시는 차 38

하루의 어디에나, 차를 42

일단 차 한잔해볼까요? 46

#3 차를 고르는 시간

느긋느긋한 기분에 권하고 싶은 차 녹차 70

하루를 길게 가져가고 싶다면 백차 80

백 가지 감정과 기분을 모두 끌어안아주는 홍차 90

삶을 여행하듯 살고 싶을 때 우롱차 98

가라앉은 기분에는 생차를,
날아다니는 감정에는 숙차를 보이차 106

알고 보면 무척 범위가 넓은 허브차 114

도구가 주는 즐거움

커피 도구로 내리는 차 126

머그컵에 티 필터만 있어도 괜찮아요 132

담백하게 차려보는 기본 찻자리 세팅 136

도구가 내어주는 여유 다관 143

비스듬한 틈새로 흘러나오는 개완 149

차의 시간을 더욱 촘촘하게 만드는 물건들 156

차의 시간 감상법

차의 시간을 채우는 소리를 들어보세요 166

다기의 질감과 온기, 그리고 무게를 느껴보세요 168

찻잎의 솜털을 찾아보세요 172

찻잎을 펼쳐놓고 바라보면 알게 되는 것들 177

세 단계로 나누어 차를 마셔보세요 182

세 가지 포인트로 향을 맡아보세요 186

차, 이렇게 시작해보세요

나에게 맞는 단계별 차 시작법 194

날씨에 따라 즐겨요 198

간소한 도구로 즐겨요 200

시간이 필요한 차도구로 즐겨요 202

YOUR

WN TEA

#1

차의 시간이 필요한 날들

오늘은 어떤 하루를 보내셨나요?

마음이 둥둥 떠다니는 날, 가만히 앉아 차 한 잔을 내려봅니다.

차분하게 내려앉은 마음이 찻잔에 담깁니다.

생각이 깊어지는 날에는 다기를 꺼내 듭니다.

물을 끓이고, 잔을 데우는 고요함을 남겨둡니다.

하루하루 지내다 보면 어느 순간에는 차가 떠오르고,

반대로 차를 마시다 보면 하루의 어떤 순간이 떠오르기도 합니다.

찻잔을 넘나드는 우리의 대화는 즐겁고,

찻잔에 투영되는 나를 마주하게 되어 또 즐겁습니다.

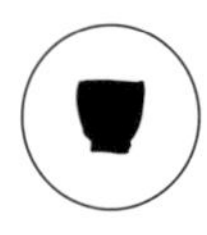

일상을 유지하는 루틴으로, 나를 투영하는 친구로,
때로는 나를 진단하는 도구로, 그렇게 차의 시간을 일상에 담아보세요.

우리 모두에게는 차의 시간이 필요해요.

차를
좋아하세요?

"차를 좋아하세요?" 이렇게 물으면 "좋아하지만, 잘은 몰라요…"라고 작게 답하는 분들이 종종 있습니다. 차는 거창한 도구나 엄청난 지식이 필요한 것이 아니라, 얼마든지 취향에 따라 즐길 수 있는 기호 식품인데 말이에요. 뭔가 알아야만 마실 수 있을 것 같은 막연함이 있어서일까요.

무겁게 차를 시작할 필요는 없어요. 그저 '내 취향에 맞는 차를 찾아보자'라는 마음가짐으로 충분합니다. 내가 어떤 맛을 좋아하는지, 오늘 같은 날씨에는 무엇을 마시고 싶은지, 조금 더 촘촘히 관심을 둬보는 거예요. 차를 즐길 때 가장 필요한 건 나를 인지하고, 지금 이 순간을 더욱 풍요롭게 즐기려는 마음이라고 생각해요.

이런 날이 있을 거예요. 분명 바쁘게 하루를 보낸 것 같은데, 뭘 했는지 기억이 나지 않는 날. 가끔은 스마트폰을 보며 아무 생각 없이 화면을 넘기고 있을 때도 있고요. 떠다니는 온갖 생각에 지금 이 순간을 놓쳐버리기도 합니다. 주어지는 상황에 따라 하루를 습관적으로 살아가고 있는 것은 아닐까 하는 생각이 드는 날. 차를 시작하기 좋은 때입니다. 차를 마시는 시간만큼은 생각은 잠깐 내려두고 공백을 만들어 보는 거예요.

일을 할 때면 일부러 차의 시간을 갖습니다. 쏟아지는 업무에 조급해지면 실수가 나오기 마련이거든요. 머그컵에 티백을 넣고 뜨거운 물을 부어요. 일을 할 때는 많은 차도구를 사용할 수 없으니 담백하고 간단하게 즐길 수 있는 방법을 택하는 거죠. 잠깐의 틈이지만 차를 마시며 숨을 가다듬습니다. 급한 마음과 정신없는 상태를 잠깐 정지시킵니다. 하루의 속도를 나에게 맞추는 영점 조절의 시간이기도 해요. 한 템포를 늦추고 다시 책상에 앉습니다. 이렇게 차를 준비하고 마시며 의도적으로 쉼을 만들면 마음이 가만히 내려앉는 기분이 듭니다.

때로는 그저 차를 고르는 마음도 좋습니다. 점심에 무엇을 먹을까, 하는 행복한 고민을 할 때처럼요. 고심해서 고른 식사가 생각보다 맛있을 때는 꽤나 즐겁습니다. 고심한 만큼 맛있는 차를 만나는 날도 마찬가지입니다. 어떤 차를 고를지, 나의 상태를 살펴보고 적당한 차를 찾아보는 시간. 촘촘하고 사소한 즐거움입니다.

날씨를 알아차리는 마음도 차를 즐기는 마음입니다. 햇볕이 내리쬐는 맑은 날, 모든 초록이 밝고 선명하게 보이는 날이면 저는 주로 백차를 마십니다. 이런 날씨에 백차를 마시면 마치 사루비아 꽃의 꿀 같은 달콤한 향이 느껴지거든요. 날씨를 관찰하는 조금 느긋한 마음만 갖춘다면 차의 맛과 향을 더욱 잘 느낄 수 있어요. '오늘 같은 날씨에는 보이차를 마셔야지', '비 오는 날은 홍차야' 같은 여러분만의 날씨 레시피를 찾아봐도 좋겠어요.

어쩌면 차를 즐길 수 있는 모든 시간들이 나를 알아차리는 일과 닿아 있는 것만 같습니다. 나를 찬찬히 들여다보고, 이 순간을 살짝 눈치채보는 거예요. 찻잔에서 손으로 전해지는 온기, 은은한 차의 향미, 숨결에 느껴지는 차향, 가만히 앉아 차를 즐기는 공간까지. 주위를 한번 둘러보세요. 오늘의 날씨가 어떤지, 오늘의 나는 어떤지. 갖춰지지 않아도 충분합니다.

탄탄한 일상을 만드는 도구

오늘도 언제나처럼 물을 끓이고 차를 내립니다. 일상다반사(日常茶飯事). 차를 마시고 밥을 먹는 일처럼 보통의 날입니다.

행복한 사람일수록 사소한 리추얼이 많다고 해요. 늘 똑같은 일을 반복하는 삶이 무슨 재미냐며 반문하던 시기가 있었지만, 요즘은 생각이 많이 달라졌어요. 매일 똑같은 차를 내려도 매 순간 다름을 느끼게 되었거든요. 아침마다 마시는 차 한 잔에도 햇살이 떨어지는 각도가 다르고, 코끝에 느껴지는 온도가 새롭습니다. 작은 순간들도 새롭게 바라볼 수 있는 시선을 차에서 배우고 있어요.

어떤 삶을 살고 싶은지, 꿈을 이야기해보라고 하면 '일상이 탄탄한 삶'을 떠올립니다. 아침에는 하루를 시작하는 나만의 루틴이 있고, 가라앉은 기분은 어떻게 띄울지, 너무 팔랑팔랑 날아다니는 감정은 어떻게 다잡을지 아는 사람이고 싶어요. 일상 속에서 고수하고 지켜나가야 하는 부분들이 구체적이고 명확할수록 멋지다고 느낍니다.

어쩌면 저는 갈대처럼 흩날리는 사람이라 차를 마시게 되었을지도 모르겠습니다. 흔들리는 일상에서 뭐라도 붙잡고 싶었던 마음으로 차를 마시기 시작했거든요. 처음에는 복작복작 찻자리를 준비하고, 물을 끓이고, 도구를 차려두고 차를 내리는 과정이 즐거웠습니다. 차 한 잔을 마시기 위해서 애써 시간을 들이고 마음을 쓰는 그 번거로움을 사랑했습니다. 아무 생각 없이 순서대로 찻잎을 덜어내고, 물을 붓고, 따라내면 지금 이 순간에만 집중할 수 있었거든요. 잠깐 한눈을 팔게 되면 물 한 방울이라도 꼭 흘리게 되니 명상의 도구로도 제격입니다. 그 물방울 하나로 딴생각을 하고 있던 마음을 알아차릴 수 있거든요.

여러분은 '차' 하면 어떤 것들이 떠오르나요? 여유, 휴식 같은 이미지가 떠오를 수도 있고요, 언젠가 요가원에서 마셨던 따뜻한 차가 떠오르는 분도, 어렸을 때 다례 실습을 했던 경험이나 인사동의 찻집이 떠오르는 분도 있을 거예요. 차는 수많은 모습으로 우리 곁에 자리하고 있어요. 형식과 절차를 지켜야만 즐길 수 있는 차가 있는가 하면, 탕비실에 있는 백개들이 티백도 차라고 할 수 있죠. 누군가에게는 "차 한잔하자"는 말처럼 만남의 도구일 수도 있고요.

저에게 차는 '탄탄한 일상을 만드는 도구'입니다. 느긋한 주말 아침에는 여유롭게 물을 끓이고 머그컵에 티백을 우리면서 하루를 시작합니다. 차를 주말의 나른함을 은근하게 깨워주는 도구로 사용하는 거예요. 잠이 덜 깨 다기를 사용하기에는 스스로에 대한 신뢰도가 낮은 상태임을 인식하고, 티백 같은 간편한 방법을 택하곤 해요. 노곤한 오후에는 진하게 우린 차를 얼음에 떨어트려 만든 시원한 냉차를 마시기도 합니다. 시원하게 우린 홍차나 잭살차는 정신을 깨워주거든요. 자기 전에는 오늘 하루 고생했다며 카페인이 없는 차나 발효도가 높은 차를 고를 때도 있습니다.

이렇듯 시간에 따라, 날씨에 따라, 감정에 따라, 마음의 여유에 따라 마시는 차의 종류도, 사용하는 도구도 달라집니다. 차를 도구로 삼아 나를 살피고 조금 더 탄탄한 일상을 만들어가는 거예요.

차는 흘려보내기 쉬운 순간을 고스란히 인지하게 돕는 도구가 되기도 합니다. 날이 좋으면 날이 좋다고, 비가 내리면 비가 온다고 차를 마시게 되거든요. 하고 있는 일에 조금 더 집중을 하고 싶은 시간, 책을 집어드는 순간, 밤새 친구와 대화가 이어질 때. 이런 모든 사소한 순간이 차를 곁들이기 좋은 이유들입니다.

때로는 원인과 결과가 뒤바뀌는 날들도 있어요. '백차가 이렇게나 맛이 좋다니! 오늘은 날씨가 좋구나' 하고 너스레를 떨기도 하고, '오늘은 보이차를 마시니까 비가 와도 좋겠다' 하고 기우제를 지내는 마음으로 차를 마시기도 합니다.

오래전, "인생에서 차를 만난다는 건 행운이에요"라는 말을 들은 적이 있습니다. 우연히 길을 걷다 들어간 찻집에서 사장님이 해주신 말이었어요. 사실 당시에는 '차에 뭐가 있길래…' 하고 조금 시큰둥했지만 이제는 조금 알 것 같기도 해요. 몸도 마음도 무거운 날에는 차를 우리기 시작합니다. 손끝에 전해지는 감각, 물 끓는 소리, 온기와 향기에 집중하며 차를 마시는 시간은 어쩐지 위로가 됩니다. 종일 짊어지고 있던 고민과 무거운 감정들이 사소하고 가벼워집니다. 때로는 하찮아지기도 해요.

반대로 두근두근하고 신나서 날아갈 것 같은 감정에도 차를 마십니다. 떨어지는 차의 물방울을 따라서, 감정도 기분도 차분히 내려앉는 기분입니다. 어떤 경우에도 한결같은 마음을 '항상심'이라고 하죠. 차는 항상심을 유지하게 도와준다는 점에서, 그저 단순한 음료의 의미를 넘어설지도 모르겠어요.

그렇게 차를 마시고, 나를 다스리는 게 무슨 의미가 있냐고 생각하실 수도 있겠지만요. 짧은 생이지만 할 수 있는 한 의미 있는 일을 하면서 살기 위해서, 그리고 내일 또다시 최선의 나이기 위해서 차를 마십니다. 좀 더 잘 살아보고 싶다는 그런 이야기입니다. 차 하나로 시작해서 인생을 사는 방법으로 마무리되는 묘한 글을 읽고 계십니다. 너무 멀리 간 것 같으니, 찬장에 놓인 차를 꺼내보세요. 아무렇게나 우려보는 거예요.

혼자 오롯이 즐기는 차

맛과 향을 찾아서 차를 마시는 분이 있는가 하면, 맛보다는 '자세'를 다잡으려고 차를 마시는 사람도 있습니다. 제가 차를 마시기 시작했던 이유는 후자에 가깝습니다. 하루를 잘 보내보려는 마음으로 차를 가까이하기 시작했어요. 저는 실수투성이에 덜렁대기 일쑤이고, 틈도 많은 데다가 즉흥적인 것을 즐기는 사람이거든요. 경주마처럼 앞만 보고 달리는 시기가 있는가 하면, 한없이 고요해지는 시간도 있습니다. 사람을 좋아하지만 혼자만의 시간이 꼭 필요하고요.

예전의 저를 떠올려보면, 대부분 바삐 움직이며 하루를 지친 채 마무리하는 날이 많았습니다. 지금 내 삶이 어떤지, 내 상태가 어떤지 인지하지도 못한 채 그저 세상의 시계에 맞춰서 뚜벅뚜벅 걸어갔던 것 같아요. 그렇게 그럭저럭 별 탈 없는 생활이 이어지다가 어느 날, 진지하게 '나'를 고민해봐야 할 수 있는 일을 맡게 되었죠. '좋아하는 것', '지향하는 것', '행복한 것', '즐거운 것'을 묻는 과정에서 그 어느 것 하나 제대로 대답하기가 어려웠습니다. 멍해졌습니다.

저는 제 자신에게 생각할 시간의 여유도 주지 않았고,

스스로를 돌보지도 않았던 거예요. 내 삶을 살아가고 있는데도, 나를 가장 홀대하고 있는 건 저였어요. 지금까지 지나온 일상들이 아무것도 아닌 게 돼버린 기분이었습니다.

나를 위한 무언가가 필요했고 '잘 살아가는 방법'이 무엇일지 고민하기 시작했습니다. 고민하는 시간을 나의 하루에 반복적으로 넣어주자고 다짐했어요. 차분히 책상에 앉아 스스로를 탐구하는 시간을 늘리기 시작했습니다. 신기하게도 제가 그때마다 차를 마시고 있더라고요.

차를 준비하고 내리고 우리고 마시는 모든 과정이 오롯이 나를 위해 존재했어요. 제게 '차를 마신다'라는 것은 제 자신을 탐구하는 시간인 동시에, 준비하는 과정부터 마시는 순간까지 매 순간이 스스로에게 시간을 주는 용기가 필요한 일이었던 거예요.

이제는 갑작스런 일에 바삐 움직이다 당황하는 순간이 오면 간소하게라도 차를 찾습니다. 차의 시간을 가지며 숨을 길게 쉬고 지금에 집중하며 순간을 끊어봅니다. 다시 마음을 다잡고 하루를 보내는 것이죠. 마른 찻잎의 향, 그다음은 물기 가득한 찻잎에서 뿜어지는 향. 차의 향을 온전히 느끼기 위해 더욱 집중합니다. 코로 숨을 들이쉬고 입으로 내뱉는 순간을 바라봅니다. 마음은 차분하고 맑아집니다.

일을 마치고 집으로 돌아오면 기분에 따라 차를 고릅니다. 좋아하는 다기를 고르고 가만히 앉아 차를 내려요. 제삼

자가 된 마음으로 오늘의 나를 되돌아봅니다. 생각이 꼬리에 꼬리를 물어 머리끝까지 차오를 때는 물 끓는 소리, 찻물이 떨어지는 소리에 집중해보기도 합니다. 차가 선물하는 공백은 오늘 하루를 잘 보냈다며 스스로에게 주는 상 같기도 해요. 문득, 괜찮은 인생을 살고 있다는 느낌이 들기도 하고요.

탁자에 앉아 물을 끓이고, 찻잎을 꺼내고, 차가 우러나길 기다리는 시간. 차를 마시기 위한 행동들이 하루에 여유를 주고, 정서를 환기시켜줍니다. 차의 맛과 향을 음미하면 숨어 있던 감각들이 깨어나기도 합니다.

일상에 끌려다니지 않고, 주체적으로 나답게 살기 위해 노력하고 있습니다. 차를 마시면서요. 나를 위해 정성 들인 차 한 잔은 이제 만족스러운 하루의 시작과 끝을 상징하는, 매일의 일용할 양식이 되었습니다.

화려한 소리가 가득한 세상에서 혼자만의 오롯한, 조용한 차의 시간을 가진다는 것은 자신의 삶을 존중한다는 의미가 아닐까요. 자연스레 다기를 데우고 차를 우리고 내리고 향을 맡는 일상의 순간들, 스스로에게 시간을 주는 용기. 어쩐지 무엇이든 할 수 있을 것만 같은 기분입니다.

함께 깊이
마시는 차

저희가 처음 문을 연 티룸은 주문하는 곳과 차를 마시는 곳이 분리된 공간이었습니다. 처음 오신 분들은 차를 주문한 뒤 자리로 돌아가는데, 자주 오는 손님들은 주문하는 곳을 떠나질 못하셨습니다. 저희에게 안부를 묻고, 일상을 나누느라 시간 가는 줄도 모르고 결국 그 자리에서 함께 차를 나누어 마시기도 했죠. 언젠가부터는 주문하는 곳에 간이의자 하나를 놓고는 이야기장을 펼치게 되었습니다.

티룸에 자주 오는 단골손님이 있었습니다. 조금 일찍 퇴근하는 날이면 꼭 들르셨어요. 카페인에 약해서 차를 마시기 시작했는데, 이제는 차를 마시는 사람들과 이야기를 나누는 즐거움이 못지않다면서요. 그러다 어느 날은 차밭 선생님 이야기가 나왔어요. 차는 같은 녹차여도 어디에서 만들어졌는지, 누가 만들었는지, 어느 계절에 만들어졌는지에 따라 그 맛과 향이 각기 다른데요. 그렇다 보니 찻잎 하나에서도 만드는 사람의 취향과 성격을 느낄 수 있어요. 손님과 제가 좋아하는 차밭 선생님은 고소한 맛보다는 은은한 단맛을 좋아하고, 그 맛과 향을 내기 위해 매번 고민하는 분이에요. 차를 만드는 날이면 좋아하는 맛과 향을 위해서 향이 나는 핸드크림도 피할 정도로 '좋은 차'에 대한 마음이 깊으시고요.

우리는 그런 차밭 선생님을 떠올렸습니다. 한 가지 일에 몰입해서 고민한다는 것, 자세히 들여다보고 애정을 갖는 것이 우리 삶에 필요한 태도가 아닐까 이야기 나누면서요. 그렇게 대화는 계속 깊어졌습니다. 살아가면서 어떤 것이 중요한 걸까, 다시 한번 생각할 수 있었어요. 차는 마시는 행위도 좋지만, 사람과 이야기를 곁들이면 좋음이 배가되는 것 같아요. 차를 넘나드는 대화에는 자연스럽게 삶의 태도까지 녹아 있으니까요.

함께 차를 마실 때면 종종 마주하는 침묵의 순간마저 공기가 어색하지 않아 좋습니다. 차 한 모금에서 우리가 좋아하는 맛과 향이 올라왔을 때, "음-" 하며 서로를 보면, 왠지 같은 이야기를 꺼낼 것만 같은 그 순간이 유쾌합니다. 함께 차를 마시며 인생, 철학, 죽음 같은 깊은 이야기도 아무렇지 않게 꺼내 나눌 수 있는 사람들이 있어 즐겁습니다. 차는 사람을 선물하기도, 다정한 시간을 만들어주기도 하네요.

하루의 어디에나,

차를

차를 즐기는 방법은 다양합니다. 근사한 찻자리를 준비하는 것도 좋지만, 그저 차를 마시는 시간을 정해 마시는 것만으로도 충분히 차의 시간을 즐길 수 있답니다. 저는 주로 하루 세 번, 아침, 점심, 저녁 루틴으로 차를 마시며 의도적으로 쉼을 만들어주고 있어요.

아침에 일어날 때면 조금씩 몸을 움직이며 내 상태를 확인합니다. 속이 좋지 않을 때는 부담 없이 즐길 수 있는 허브차를 마시며 몸을 깨워요. 아침잠에 상태가 몽롱한 날에는 카페인이 비교적 강한 차를 마시며 정신을 가다듬습니다. 정신없는 출근길에는 간소하게 즐길 수 있는 티백으로 하루의 시작을 열기도 합니다.

아침에 차를 찾는 이유는 오늘 하루를 잘 보내보자는 다짐이기도 합니다. 잠이 덜 깨 멍한 채로 오전을 보낼 때도 있고, 잠을 이기지 못하고 점심에 일어나 하루를 시작할 때도 있죠. 그럴 때는 차를 마시자며 침대 밖으로 몸을 데려오는 거예요. 그렇게 나와서 차와 함께 책을 읽거나 글을 씁니다. 아침 시간이 생긴다는 건, 하루를 길게 가져갈 수 있는 힘이 생기는 것이기도 해요.

출근해서 일을 하고 있으면 금방 점심이 찾아옵니다. 그득하게 점심을 먹은 날이면 속을 내릴 수 있는 차를 고르고요, 텁텁한 입을 정리하고 싶을 때는 담백한 차를 준비해요. 종종 과부하가 걸려 일이 손에 잡히지 않을 땐 숨 한 모금, 차 한 모금 번갈아 마시며 쉬어갑니다. 조금 더 시간이 있다면 물을 끓이고 차를 내릴 다기를 고르며 되도록 느슨하고 길게, 차에 집중해보기도 하고요. 그러다 보면 문득 해보고 싶은, 재미난 일들이 떠오르기도 합니다. 생각의 전환이랄까요. 차를 마시며 몸의 긴장 상태가 풀어지면, 보이지 않던 무언가가 떠오르기도 해요.

해가 기울어지고 어스름한 저녁, 차를 마시는 시간은 또 다른 느낌입니다. 복작복작했던 하루를 마무리하며 책상에 앉아 오늘을 기록하기도 하고요. 책을 읽기도 합니다. 곁에는 보글보글 물 끓는 소리, 마른 찻잎이 물에 닿아 잎이 풀어지는 순간, 그리고 잔에 차를 따라내는 소리도 있습니다. 이렇게 하루를 정리하는 차를 마시면 깊은 잠에 들곤 해요.

가끔은 잠이 오지 않는 날도 있습니다. 밤이 긴 날에는 긴 밤을 함께할 차를 고릅니다. 팔팔 끓여 마시는 차를 찾거나 카페인 부담이 없는 차를 마셔보는 거예요. 찻잔 속에서 피어오르는 김을 한없이 바라보며 가만히 앉아 있기도 합니다. 고요한 이 시간이 그대로 흘러가도록 합니다.

차를 마시며 오늘 하루를 들여다봅니다. 사소해 보였던 시간들이 조금은 다르게 느껴질 수도 있어요. 자세히 보면 햇볕이 날마다 다른 것처럼, 손톱이 매일 조금씩 자라는 것처럼 말이에요. 차를 마시는 여러분의 루틴을 만들어보세요. 차를 마시는 매일이 쌓이다 보면 일일시호일(日日是好日), 매일이 좋은 날이 될 수도 있지 않을까요?

YOUR

WN TEA

#2

일단 차 한잔
해볼까요?

차, 어디서부터 시작해야 할지 모르겠다면 일단 한 잔 내어 드릴게요. 함께 우려볼까요?

오늘은 운남홍차를 준비했어요. '홍차' 하면 흔히 서양의 홍차를 떠올리는데요. 이 홍차는 2019년, 중국 운남 지역에서 만들어졌답니다.

찻잎 4g을 '다하' 위에 올릴게요. 다하는 찻잎을 올려놓는 차 도구예요. 다하가 아니더라도 찻잎을 담을 수 있는 작은 그릇이 있다면 그것을 사용해도 좋아요.

물을 끓입니다. 보글보글 물 끓는 소리, 주전자에서 김이 뿜어나는 모습을 가만히 관찰해보세요. 볕 좋은 날에는 수증기를 이루는 작은 물방울들도 볼 수 있어요.

끓인 물을 '다관'에 담아 데웁니다. 차를 내릴 때 쓰는 도구들을 '다기'라고 하죠. 다관은 차를 담아 우리는 주전자 모양의 다기예요. 찻잎을 거를 수 있는 거름망을 가진 형태라면 어느 것이라도 좋아요. 다기를 데우면 차를 옮길 때 온도 변화를 줄여줘서 맛을 더 온전히 즐길 수 있어요.

다관의 물을 옮겨 부어 '숙우'를 데우고 있어요. 숙우는 우려 낸 차를 담는 그릇이에요. 다관에서 차를 우려 숙우로 옮기는 것이죠. 조금 뒤에 이 숙우에 담긴 차를 찻잔에 담아서 마시게 될 거예요. 찻잔도 뜨거운 물을 담아 데워줍니다. 데울 때 사용한 물은 모두 '퇴수기'에 버릴게요. 퇴수기는 마시지 않는 물을 버리는 그릇이랍니다.

다관 안에 찻잎을 넣고 좌우로 조금 흔듭니다.

찻잎이 다관 안의 온기와 약간의 습기를 머금을 수 있도록 살짝 흔들어주는 거예요.

마른 찻잎을 '건엽'이라고 해요. 이제 건엽에서 나는 향을 맡을 거예요. 다관 뚜껑을 열어 코를 가까이 대고 향을 맡습니다. 운남홍차의 녹진한 달콤함이 느껴지네요. 때로는 이 건엽 향을 맡기 위해 차를 마시는 날도 있답니다.

이제 차를 우려보겠습니다. 물을 다관에 넣습니다. 온도는 100도로, 양은 100~150ml 정도면 돼요.

3~5초 정도 기다린 후, 다관에 우려진 찻물을 숙우에 옮겨 담은 뒤 퇴수기에 버립니다.
오늘 내어드리는 운남홍차는 잎이 크기도 하고, 품은 성분들도 많아요. 처음 우려낸 차는 맛도 향도 이제 막 우러나기 시작한 단계이니, 찻잎을 가볍게 깨워주는 정도로만 우리고 마시지 않습니다. 이 과정을 '세차'라고 해요.

이제 본격적으로 차를 우려볼게요.
끓인 물을 다관에 넣어요. 다관 뚜껑을 닫고 이번엔 15초를 기다립니다. 그다음 바로 숙우에 따라냅니다. 마지막 한 방울까지요. 다관에 찻물이 남아 있으면 다음번 차를 우릴 때 영향을 주기 때문에 마지막 한 방울까지 기다려주는 거예요.

다관 뚜껑을 살짝 열어 한 김 식힙니다. 젖은 찻잎의 향을 맡아보겠습니다. 건엽과는 다른 향을 느껴볼까요. 젖은 찻잎의 묵직한 바디감, 더 진한 달큰함.

숙우에 담긴 차를 찻잔에 따라요.

이제 차를 즐기셔도 좋습니다.

차를 마시다 보면 내 취향에 맞는 농도를 찾는 재미가 생겨요. 오늘은 제가 좋아하는 방식으로 차를 내어드렸는데요. 이보다 은은한 맛을 원하신다면 물의 온도를 낮추거나, 차를 우리는 시간을 짧게 조절해보는 것도 방법입니다. 조금 더 진한 차를 원하신다면 그 반대로 하면 된답니다. 나는 어떤 차를 좋아하는지 찾아보세요. 맛과 향, 온도와 시간까지도요.

YOUR

WN TEA

#3

차를 고르는 시간

마음이 어지러울 때는 방을 정리하는 습관이 있습니다. 아무렇게나 쌓여 있는 책을 제자리에 꽂아두고, 의자에 대충 걸쳐놓은 옷가지들을 걷어냅니다. 그저 손에 잡히는 물건들을 정리한 것뿐인데도 소화되지 못한 감정들이 내려가는 걸 느낍니다. 마음이 어지러울 때는 청소를 처방하고, 청소가 안 된 방에는 어지러운 마음을 처방해야 할지도 모르겠다는 생각을 해봅니다.

방과 마음이 어울리듯, 차는 감정과 닿아 있습니다. 유쾌하고 즐거운 날에, 느글느글한 감정에, 펑펑 울고 싶은 날에, 비 오는 날의 울적함에 습관처럼 고르던 차들을 떠올려봅니다. 차 한 잔이 마음을 다스려준다면 마음에 잘 어울리는 차도 있을 것만 같습니다. 앞으로 소개할 차들은 어쩌면 아주 개인적인 기준이고 취향일지도 모르겠어요. 그래도 감정에 처방을 내리듯 차를 마셔보는 것도 재밌겠다는 생각이 든다면, 그것만으로도 의미 있지 않을까 너스레를 떨어봅니다.

차는 차나무의 찻잎을 어떻게 가공하느냐에 따라 크게 녹차, 백차, 황차, 우롱차, 홍차, 흑차로 나뉩니다. 여섯 가지 차의 종류라고 해서 '6대 다류'라고도 불리고요. 하지만 같은 종류에 속한다고 해서 모든 차들이 같은 맛과 향을 내지는 않습니다. 차나무가 자라난 지역, 환경, 찻잎의 등급, 가공 방식에 따라서 그 안에서도 다양한 향미가 표현됩니다. 하지만 너무 어렵게 들어갈 필요는 없어요.

차를 고르는 것 못지않게 중요한 것이 차를 내릴 때 필요한 도구이지요. 이번 장에서는 차의 매력을 마음껏 느낄 수 있도록 차를 고르고 우리는 방법을 소개하는데요. 혹시 도구부터 알고 싶다면 122쪽 4장 '도구가 주는 즐거움'을 먼저 읽고 오셔도 좋아요.
저의 경험과 생각을 담아 차를 소개합니다. 여러분의 차에도 여러분만의 것들이 담기길 바라면서요.

녹차는 어때요?

가마솥에서 덖은 한국의 녹차는

맑고 고소해요.

느글느글한 기분에 권하고 싶은 차
녹차

'주변을 정성껏 돌본다'라는 거창한 한 해 목표를 세웠습니다. 늘 책상이 어수선하고, 열쇠는 두고 다니기 일쑤고, 납부 안 한 전기요금 명세서를 쌓아두는 사람이 세울 법한 목표이지요. 스스로에게 한없이 관대하고 친절하게 살아온 삶인지라, 조금은 멀끔하게 살아보는 것이 어떨까 고민했던 시간이 세 단어로 함축되어 있습니다. 주변을, 정성껏, 돌본다.

원대한 포부를 가지고 나니 하루의 적잖은 부분이 눈에 걸리기 시작합니다. 꼭 기름진 음식을 잔뜩 먹은 것 같은 그런 기분이라고 해야 할까요. 감정이 소화되지 않은 채 뭉근하게, 마냥 마음 한구석에 쌓여 있는 느낌.

운동화 뒷꿈치 부분에 미세하게 난 주름들을 보니 정신없이 외출 준비를 하고 신발을 꺾어 신었던 날들이 떠오릅니다. 저는 분명 주변을 정성껏 돌보기로 했던 사람이지만, 늦잠을 자는 너그러움을 잃지 못하는 사람임을 보여주는 것 같습니다. 싱크대의 설거짓거리들을 보면서도 생각합니다. 설거지는 모아서 하는 게 효율적이니, 당분간 저렇게 놔두자고요. 애써 관대함이라고 외면하며 느글느글한 기분이 드는 오늘에 맞는 차를 골라봅니다.

이런 날에는 산뜻하고 개운하면서, 약간의 쌉싸름한 맛을 가진 녹차가 떠오릅니다. 그러고 보니, 처음 마셨던 녹차의 풍부한 맛과 향이 떠오릅니다. 탕비실에 놓여 있던 대용량 티백 녹차가 아니라, 다양한 향미를 품은 잎차를 마시고 나서는 괜히 억울하기도 했어요. 세상 사람들이 나만 빼고 이런 녹차를 마시고 있었던 거냐며 약간의 소외감도 느껴버렸지 뭐예요. 벌써 몇 년도 더 된 이야기이지만, 첫 녹차의 기억은 그만큼이나 즐겁고 유쾌합니다.

녹차는 발효시키지 않은 찻잎을 이용해 만든 차입니다. 사과를 깎아두고 나중에 보면 갈색으로 변해 있지요. 사과가 산화되어 갈변한 건데요. 찻잎도 산화, 발효가 되면서 갈색으로 변해요. 녹차는 찻잎이 그렇게 되지 않도록 잎을 따서 산화 효소를 달달 볶아 없애버린다고 볼 수 있어요. 가마솥에 찻잎을 덖는 장면을 떠올리면 이해가 쉬울 거예요. 산화 효소는 열을 만나면 활동을 멈추거든요. 그래서 녹차 잎은 시간이 지나도 맑고 청아한 푸른빛을 유지합니다.

주로 가마솥에서 덖어서 만드는 우리나라의 녹차는 특유의 맑고 고소한 풍미가 가득합니다. 감칠맛이 느껴지는 찻잎의 향으로 시작해서, 딱 적당하게 우려낸 녹차 한 잔이면 꽤 나쁘지 않은 하루가 됩니다. 대용량 티백 녹차는 잠시 뒤로 놓아보세요. 우리나라의 수많은 다원에서 만들어지는 녹차는 고소하고 은은하면서, 다원마다 다채로운 맛과 향을 만들어냅니다.

녹차를 우리는 방법은 생각만큼 어렵지도, 생각보다 쉽지도 않습니다. 자칫 잘못 우리면 쓴 맛이 강해져서 '역시 녹차는 쓴맛으로 마시는 거지' 같은 오해가 쌓이곤 해요. 그러니 약간은 신경을 써서, 차를 우리는 과정에 집중해보는 것을 추천합니다. 처음 녹차를 내려본다면, 추천하는 우림법은 역시 차 포장지에 적혀 있는 가이드를 따르는 거예요. 기준이 있어야 변주도 가능한 것처럼, 다원이나 브랜드에서 잡아놓은 기준에서 출발하는 것이 좋아요. 차도구를 데우고, 찻잎을 덜어 넣고 물의 온도와 용량, 시간을 맞춰보세요. 그렇게 차를 마시다 보면, 어느 순간 '조금 더 진하면 좋겠는데?' 라든지 '온도를 높이고 빠르게 추출하는 게 더 맛있는데?' 같은 생각이 들기 시작할 거예요. 온도와 시간, 찻잎의 양을 조절해가며 나에게 가장 잘 맞는 녹차의 맛을 찾아보는 재미가 시작된 것이랍니다.

저는 70~80도 정도의 낮은 온도 물에서 1분 전후로 오래 우려내는 방법에서 100도 가까운 뜨거운 물로 짧게 우려내는 방법으로 취향이 바뀌었습니다. 저온에서 오래 우려내는 방법을 쓰면 녹차가 가진 다양한 맛(특히 감칠맛)을 조금 더 쉽게 인지할 수 있는 반면에, 높은 온도에서 짧게 우려내면 찻잎이 직관적이고 명확하게 강렬한 맛을 뿜어내는 느낌이에요. 여름날에는 진하게 우려낸 녹차를 얼음 위에 천천히 떨어뜨려 차갑게 마시는 방법을 선호하고요.

도구에 따라서도 우리는 방식이나 차 맛에 미묘한 차이가 생깁니다. 무엇이 옳다고 할 수는 없지만, 자신에게 조금 더 잘 맞는 방식이나 도구가 있을 거예요. 여러 도구를 사용해보고, 가장 손이 많이 가는 방식으로 차를 내리는 걸 추천합니다.

저는 우리는 방법에 따라서 두 가지 도구를 사용하고 있습니다. 낮은 온도로 오래 우리는 녹차에는 용량이 200ml 정도인 다관을 사용하고요, 높은 온도로 빠르게 우리는 녹차는 중국식 차도구인 개완을 사용합니다. 개완에 대해선 149쪽에서 조금 더 자세히 소개할게요.

그럼 이제 함께 녹차를 우려볼까요? 아마도 차가 담긴 통이나 패키지에 우리는 방법이 나와 있을 테니, 제가 좋아하는 녹차 우리는 방법을 조금 더 자세하게 알려드릴게요. 차근차근 천천히 따라해보세요.

차를 우려볼까요

차는 이만큼

약 3g

물의 양	물의 온도	우리는 시간
150ml	90°C	1분

STEP 1 **찻자리 차리기**

차를 우리는 도구를 준비합니다. 다기 세트가 있는 분들은 오랜만에 찻자리를 차려보세요. 거름망에 잎차를 넣어 우리는 것도 좋고, 티 필터에 차를 넣는 방식도 좋습니다. 도구에 따라 용량과 찻잎이 달라지겠지만 찻잎은 3g 정도, 물은 150ml로 해볼게요.

STEP 2 **다기 데우기**

컵과 다관 등 다기를 뜨거운 물로 데워주세요. 충분히 예열한 뒤, 물을 비웁니다.

STEP 3 **찻잎 넣고, 향 맡기**

이제 준비한 찻잎을 차를 우릴 다기에 넣으세요. 찻잎이 온기와 습기를 머금는 시간을 잠시 기다렸다가, 은은하게 올라오는 녹차 향을 맡아보세요. 마른 찻잎이 다기 안의 습기를 머금으며 뿜어내는 고소하면서 감칠맛 가득한 향을 즐겨보세요.

STEP 4 **물 식히기**

펄펄 끓는 물을 한 김 식혀주세요. 2분 정도 식히면 온도는 90도 전후로 은근하게 알맞습니다.

STEP 5 **차 우리기**

녹차를 우릴 거예요. 위에서 식힌 물을 찻잎이 들어 있는 다관이나 머그컵의 벽을 따라서 천천히 부어주세요.

STEP 6 **찻잎 건지기**

1분을 기다렸다 찻잎을 건져내세요. 이제 차를 즐기시면 됩니다. 우려낸 녹차는 점점 식어가면서 또 다른 맛을 표현합니다. 미묘한 맛의 변화를 알아차리는 순간은 차의 세계로 빠져드는 시작이 되기도 합니다. 차를 마시는 즐거움 하나하나를 충분히 만끽해보세요.

TIP **한여름에만 즐길 수 있는 녹차 우림법**

무더운 여름날에는 거름망이나 티 스트레이너에 찻잎을 깔아두고, 그 위에 얼음을 한가득 올려보세요. 얼음이 천천히 녹으면서 찻잎에 스며들고, 그렇게 한 방울씩 떨어지는 녹차를 모아서 마시는 방법도 있답니다.

백차는 어때요?

바삭하고 청량한 날에 잘 어울려요.

하루를 길게 가져가고 싶다면
백차

차는 모두 '카멜리아 시넨시스Camellia sinensis'라는 나무에서 시작됩니다. 하지만 만드는 과정과 방법에 따라 수천 가지 차로 탄생해요. 백차는 찻잎을 채엽해서 햇빛으로 바삭하게 말린 것이에요. 찻잎을 덖지도, 비비지도 않아요. 인위적인 과정이 없죠. 사람의 손길보다 자연의 손길로, 자연스러운 형태 그대로를 살려 원재료의 맛과 향을 고스란히 전하는 차입니다.

백차는 상황에 따라 표현되는 맛의 차이가 큰 편입니다. 어느 날에는 달콤하고 화사한 향미가 난다면, 어떤 날에는 묵직한 바닐라 빈의 바디감이 느껴지기도 하고요. 말린 장미의 그윽함이 표현되기도 해요.

저희가 백차를 처음 사람들에게 선보일 때가 생각납니다. 백차를 런칭하기 위해 무수히 마셔보고 감각을 곤두세우며 다양한 포인트에 집중했던 날들, 우리가 사랑하는 백차를 담아내기 위해 노력했던 날들요. 그렇게 차의 시간이 쌓여가며 백차는 저에게 '매번 첫입이 달큰한 차'가 되었습니다.

어릴 적, 사루비아 꽃의 꿀을 쪽쪽 빨아먹으며 은근한 달콤함을 찾아다녔던 기억이 있어요. 이렇게 은은한 달콤함은 감각을 깨워야만 가까이 느껴져요. 백차도 마찬가지입니다. 백차를 연달아 마시다 보면 은은한 달큰함이 무뎌지는 느낌이 들기도 하는데요. 이때 의도적으로 쉼을 만듭니다. 책 한 구절을 읽기도, 노래 한 곡을 찬찬히 들어보기도, 그림을 그리기도 합니다. 그러다가 문득, 백차 한입을 찾습니다. 숨을 길게 내쉬고 한 모금을 마셔요. 혀끝을 움직이고 입맛을 다셔봅니다. 따뜻한 차의 첫입, 약간 식었을 때의 첫입, 차가워졌을 때의 첫입. 코에 남은 잔향과 입안에 은은하게 밀려오는 달큰함에 "어, 찾았다!" 하고 웃게 됩니다.

급할 것 없는 날, 하루를 길게 가져가고 싶은 날, 고요한 지금의 상태가 좋은 날, 바삭하고 청량한 날에는 백차가 생각납니다. 쉼을 만들며 은은한 달큰함을 찾아가는 저만의 사소한 루틴입니다. 취향에 따라, 기분에 따라 차를 곁들인 일상 속 루틴을 만들어보시길 추천합니다.

백차는 사람들과 함께 마시는 것도 좋습니다. 이야기를 나누다 보면 차가 좋은 이유, 즐기는 포인트, 의미가 모두 다채롭습니다. 마시는 사람마다 다른 맛을 느낀 이야기를 듣는 것도 차를 마시는 즐거움 중 하나예요. 잠시 다양한 백차의 맛 표현을 들려드릴게요.

"몸에 열이 많은 저는 백차를 사랑하지 않을 수가 없어요. 열이 많아 잠을 설치는 편이었는데, 어떤 분이 백차를 추천해주셨어요. 백차에는 찬 성질이 있어 열을 내려준다고 해서, 혹시나 하는 마음에 마셔보았습니다. 신기하게도 그날은 편히 깊은 잠을 잤어요. 그날 이후로 잠들기 전 백차를 마시게 되었어요. 저에겐 저녁이면 항상 생각나는 차예요."

"저는 '얼죽아'예요. 얼어 죽어도 아이스. 차가운 걸 좋아해요. 시원함이 몸 곳곳에 퍼지는 기분은 왠지 모를 희열이 있습니다. 그래서 그런지, 여름에 백차를 즐기는 편이에요. 따뜻하게 우린 백차를 얼음 위에 천천히 부어서 마시면 여름 더위도 거뜬히 이겨낼 수 있을 것만 같거든요. 차가운 백차만의 싱그러움이 좋습니다. 가끔은 욱하는 마음이 올라올 때 얼른 가서 한 잔 먹으며 스스로를 다스려보기도 해요. 어쩐지 화가 내려가는 기분이 들거든요."

여러분의 마음에 가닿은 이야기가 있나요? 백차는 똑같은 방법으로 우려도 날씨에 따라 맛이 다르게 느껴질 때가 있습니다. 특히 비 오는 날, 낮은 공기가 맴도는 날에 백차는 바닐라 빈의 묵직한 바디감을 내보입니다. 이 묵직함은 한입 마시고 난 뒤 입 안에 공기를 슬며시 불어넣을 때면 더욱 강하게 느껴집니다. 이럴 때면 새콤하고 싱그러운 디저트도 함께 즐기기 좋습니다. 비 오는 날 백차의 묵직함과 디저트의 새콤함이 만나면 또 다른 재미를 찾을 수 있거든요.

차를 우려볼까요

차는 이만큼

약 5g

물의 양	**물의 온도**	**우리는 시간**
150ml	100°C	5~10초

STEP 1 **찻자리 차리기**

오늘 사용할 차도구를 준비합니다. 차를 우려낼 다기, 찻잔에 뜨거운 물을 부어 데웁니다. 저는 다관을 준비했어요. 찻잔에 온기를 두는 건 차의 맛과 향을 온전히 느끼기 위한 마음입니다. 시간이 조금 지나면, 두 손으로 한 김 식은 다기를 감싸보세요.

STEP 2 **물 비우고 찻잎 넣기**

다기 안의 물을 비우고 다관에 찻잎을 넣습니다. 오늘은 진한 맛과 향을 느끼고 싶어 5g을 넣었어요. 뚜껑을 닫고 찻잎을 살짝 흔들어줍니다. 코 가까이에서 다기의 뚜껑을 열고, 숨을 서서히 가늘고 길게 들이쉬며 향을 맡아봅니다.

STEP 3 **물을 부어 찻잎 깨우기**

찻잎을 깨울 시간입니다. 찻잎에 뜨거운 물을 붓고 10초 정도 기다린 후 물을 비워주세요. 뜨거운 물이 찻잎에 닿으며 백차의 향과 잎이 깨어났을 거예요. 다관의 뚜껑 안쪽에 남아 있는 향을 맡아보세요. 긴 호흡으로 천천히 들이켜 봅니다.

STEP 4 **차 우리기**

팔팔 끓인 물(100℃) 150ml를 다관에 바로 부어주세요. 5~10초 정도 기다리며 차를 우립니다. 물에 연하게 배어 나오는 차의 수색(우려낸 차의 색)이 보입니다.

STEP 5 **찻잎 건지기**

찻잎을 건져주거나, 다관에 우린 차를 숙우로 옮겨주세요. 차를 우리고 나서는 뚜껑을 살짝 열어 김을 빼는 것도 잊지 마세요. 이제 차를 마셔도 좋습니다. 오늘의 백차는 어떤가요?

TIP **백차 하이볼**

소주 한 병에 백차 5g을 냉침합니다. 300ml 용량의 잔에 얼음을 가득 채운 후 냉침한 백차소주를 40~50ml를 붓고 나머지는 사이다 또는 토닉워터로 채우면 완성. 향긋한 백차 하이볼 한잔해보세요.

홍차는 어때요?

부드러우면서도 향긋하고 은은하면서도
푸릇해요.

백 가지 감정과 기분을 모두 끌어안아주는 홍차

추적추적 빗방울이 떨어지는 날, 마음에도 먹구름이 낀 것 같은 날에는 홍차가 떠오릅니다. 부드러우면서도 향긋하고, 은은하면서도 푸릇한 이 묘한 차는 어떤 마음이든 담아줄 것만 같거든요. 아마도 많은 분들이 가장 친근하게 접할 수 있는 차가 홍차가 아닐까 해요. 얼그레이나 잉글리시 브렉퍼스트 같은 이름을 한 번쯤은 들어보셨을 테니까요.

홍차는 찻잎을 발효시켜 만들어요. 앞서 찻잎은 발효가 되면 색이 변한다는 것을 말씀드렸는데요. 홍차 잎은 발효로 홍갈색이 됩니다. 차를 우리면 찻물이 붉은빛이어서 '홍차'라고 불리지만, 서양에서는 찻잎이 검은색에 가깝다고 해서 블랙티Black tea라고 부른답니다.

수많은 홍차들을 보며 이게 전부 '홍차'라는 하나의 카테고리에 들어간다고? 하고 의문을 가졌던 때가 있어요. 군고구마같이 달콤함이 강한 차, 스모키한 향이 두드러지는 차, 새콤달콤하다가도 부드러운 질감을 주는 차까지 이 모든 것이 홍차라는 거예요. 그래서 처음엔 이런 막연함에 다양한 홍차들을 마셔보는 데 집중했어요.

지금은 태도가 조금 달라졌습니다. 내 눈앞에 있는 차 한 잔이 어떤 향과 맛을 가지고 있는지, 내 기분이 어떤지, 오늘 날씨에 잘 어울리는지 약간의 즐거움을 가지고 바라봅니다. 이해하고 분석하고 파악하는 것 말고, 감각적으로 인지하고 기꺼이 뛰어드는 태도로요. 삶도 이런 자세로 대하고 싶어요. 어린아이의 호기심 어린 시선으로 세상을 바라보려고 노력하면서요.

홍차의 매력을 강렬하게 느꼈던 어느 순간이 아직도 떠오릅니다. 중국 운남 지역에서 만들어진 홍차를 마실 때였어요. 고구마 같기도, 단호박 같기도 한 달콤함에 부드러운 마무리. 홍차에 이런 향미가 담길 수 있다는 걸 처음 깨달았어요. 감각에 집중하고, 새로운 향을 찾아내는 그 순간의 즐거움을 홍차를 통해 알았습니다.

이 세상에 백 가지 감정과 기분이 있다면, 홍차는 모든 걸 끌어안아줄 것 같습니다. 한 잔에도 그만큼이나 다채로운 맛과 향을 담고 있어서요. 요즘의 저는 주로 하릴없는 나른한 오후에 홍차가 떠오릅니다. 비 오기 직전, 흐린 날에 퍼지는 홍차의 향을 좋아하기도 하고요.

오늘은 제가 좋아하는 '연미'라는 이름의 홍차를 들고 왔습니다. 이것도 중국의 운남 지역에서 생산된 홍차예요. 처음에는 스모키한 향이 느껴지다가, 점점 새콤달콤한 맛이 올라오는 재밌는 차랍니다. 함께 우려볼까요.

TIP **급랭**

따뜻하게 우린 홍차를 얼음 위에 천천히 부어서 급격히 냉각시키는 급랭법도 있습니다. 홍차의 풍미는 급랭법과 잘 어울려요. 찻잎은 4g, 온도는 100도인 물 120ml에 20초 동안 우려낸 홍차를 얼음 위에 천천히 부으면 완성입니다.

차를 우려볼까요

차는 이만큼

약 3~4g

물의 양	물의 온도	우리는 시간
120ml	90~100°C	30초

STEP 1 **찻자리 차리기**

차를 우리는 도구를 준비합니다. 홍차는 수색이 예쁘고, 찻잎을 관찰하는 재미가 있기 때문에 유리잔을 준비하는 것도 좋아요. 저처럼 운남홍차를 준비하셨다면 중국식 차도구인 개완을 사용하는 것도 좋고요. 개완을 사용하는 자세한 방법은 뒤에서 소개해드릴게요.

STEP 2 **다기 데우기**

컵, 개완 등에 뜨거운 물을 담아 준비한 다기를 데우세요. 충분히 따뜻해지면 물을 비워냅니다.

STEP 3 **향 맡기**

다기에 홍차 3g을 넣습니다. 조금 진하게 마시고 싶은 날에는 4g도 좋고요. 홍차 건엽이 다기 안의 온기와 습기를 머금는 시간을 잠시 기다렸다가, 은은하게 올라오는 찻잎의 향을 맡아보세요. 때로는 스모키하고, 어느 때는 새콤달콤한 홍차의 향이 날 거예요.

STEP 4 **차 우리기**

펄펄 끓는 물을 한 김 식혀주세요. 온도는 90~100도 사이로, 30초를 먼저 우려볼게요. 저는 120ml 정도의 물을 넣어서 빠르게 우리는 방법을 즐겨 사용해요. 다기의 용량이나 찻잎의 양에 따라 다르겠지만, 이렇게 기준을 가지고 차를 우려보세요. 기준을 정해두면 차차 자신의 취향에 맞게 물의 온도와 시간, 그리고 찻잎의 양을 조절해가기 좋습니다.

STEP 5 **나만의 차 맛 찾아가기**

이제 맛을 느껴보세요. 이보다 조금 더 진한 맛을 원한다면 다음에 차를 내릴 때는 찻잎의 양과 우리는 시간을 늘려주세요. 맛이 강하게 느껴진다면 물의 온도를 낮추거나 우리는 시간을 줄이면 됩니다. 물의 온도가 낮으면 차가 천천히 침출되거든요.

STEP 6 **잔향 맡기**

마지막으로, 차를 다 마시고 잔에 남아 있는 잔향을 맡아보세요. 건엽 향이나 우려낸 차의 향과는 또 다른 자극이 남아 있을 거예요.

TIP **물 온도를 맞춰보세요**

물 온도는 차의 맛을 좌우하는 변수 중 하나예요. 온도에 따라서 추출되는 성분이 다르기 때문에 추천 온도에 맞춰 내리는 것이 좋아요. 온도계를 사용하면 제일 좋겠지만 만약 없다면? 끓는 물 100도를 기준으로, 숙우에 옮겨 담아서 잠시 식혀보세요. 숙우 위에 손을 올려 뜨거운 물에서 올라오는 김을 느껴보세요. (손 조심!) 너무 뜨거워서 손을 바로 떼야 할 정도라면 온도는 90도 이상입니다. 손을 올렸을 때 괜찮다면 대략 90도 미만일 거예요. 뜨거운 물이 담긴 숙우를 들어서 밑부분을 손으로 감싸보세요. 홍차는 뜨겁다는 느낌, 녹차는 따뜻하다는 느낌이 적당해요.

우롱차는 어때요?

향기만으로도 수백 가지 이야기를 할 수 있어요.

삶을 여행하듯 살고 싶을 때
우롱차

삶을 여행하듯 살아보는 방법이 있다고 해요. 늘 똑같은 출근길이라도 어제와는 다른 길로 가본다든지, 늘 가던 식당에서 새로운 메뉴를 주문해본다든지, 평소에는 전혀 관심 없던 분야의 책을 읽어보는 거예요. 이런 사소한 변화들이 삶을 여행으로 만들어준다고 하더라고요. 반대로 말한다면, 여행지에서 평소와 같은 방식으로 하루를 보낸다면 일상 같은 여행을 하게 되겠지요.

그러고 보면, 일상이 있어야만 여행이 성립되는 것이 아닐까 합니다. 사소한 변화만으로 일상에서 여행의 설렘과 즐거움을 누릴 수 있다면 나쁘지 않은 방법인 것 같아요. 심지어 여행의 피로마저 따라온다 해도요.

차를 고르는 일도 여행하듯 일상을 사는 방법과 닮아 있는 것 같습니다. 일상적으로 마시는 차가 있는가 하면, 다채로움과 새로움을 찾기 위해 고르는 차도 있으니까요. 저에게는 우롱차라는 다류가 그렇습니다. 아마도 제가 가장 나중에 접한 차라서 더 새롭게 느껴졌는지도 모르겠어요.

6대 다류 중 하나인 우롱차는 만드는 과정이 녹차와 홍차의 중간쯤에 있는 차입니다. 우롱차는 찻잎을 원하는 만큼 산화시킨 후에 열을 가해서 더이상 산화하지 않도록 고정시켰다고 볼 수 있어요. 녹차는 바로 열을 가해 찻잎이 산화되지 않게 고정시켰다면, 우롱차는 산화를 한다는 점에서 차이가 있어요. 그만큼 맛과 향도 달라지고요.

제가 처음 마셨던 우롱차는 '수선'이라는 차였어요. 은은하게 부드러운 향기를 즐기고 있자니 왠지 선비가 된 것 같은 기분이 드는 차였습니다. 두 번째로 마셨던 우롱차는 '철관음'이었는데요, "이것도 우롱차예요?"라는 질문을 했던 기억이 있어요. 같은 카테고리라고 하기에는 맛도 향도, 심지어 이야기도 너무나 달랐습니다. '동방미인', '대홍포', '육계' 등 다양한 우롱차를 마셔보면서 조금씩 이해하기 시작했습니다. 우롱차를 마시는 즐거움은 어쩌면 한마디로 정의할 수 없는 다양한 맛과 향에 있다는 것을요. 최근에는 은은하고 부드러운 우유 맛이 나는 우롱차를 마셨어요. 늘 새롭기도 하고 예상하지 못한 향미에 놀랍니다. 아무래도 일상적이지 않음에서 오는 낯섦이겠죠?

향기만으로도 수백 가지 이야기를 할 수 있을 것 같은 '우롱차'를 함께 마셔볼까요.

차를 우려볼까요

차는 이만큼

약 3g

물의 양	물의 온도	우리는 시간
120ml	80°C	20~30초

STEP 1 **찻자리 차리기**

다관, 개완 등 오늘의 마음에 어울리는 다기를 준비합니다.

STEP 2 **찻잎 관찰하기**

우롱차 3g을 준비합니다. 우롱차는 찻잎이 동글동글 말려 있는 모습부터 꼬리가 달린 모습, 꼬불꼬불 꼬인 모습까지 다양한 형태로 만들어집니다. 차를 우리기 전, 찻잎의 모양을 잠깐 살펴보세요.

STEP 3 **다기 데우기**

개완이나 다관에 뜨거운 물을 담아 다기를 데웁니다. 충분히 데워졌다면 담은 물은 버립니다.

STEP 4 **찻잎 향 맡기**

준비한 개완이나 다관에 찻잎을 넣습니다. 우롱차는 특히 향을 즐기기 좋은 차입니다. 건엽이 다기 안의 온기와 습기를 머금으며 내는 향도 꼭 맡아 보세요.

STEP 5 **차 우리기**

팔팔 끓인 물을 80도로 식힙니다. 식힌 물 120ml를 다기에 붓고 20~30초 정도 차를 우립니다. 우려낸 찻물을 숙우 등 다른 곳으로 옮겨 담거나 찻잎을 건져주세요. 찻잎이 계속 담겨 있으면 맛이 달라지니, 잎을 걸러서 빼주는 것이 중요해요.

STEP 6 **나만의 취향 찾아가기**

이제 차를 즐기시면 됩니다. 조금 더 진한 맛과 향을 원한다면 다음에 우롱차를 마실 때는 우리는 시간을 늘리거나, 찻잎의 양을 늘려보시길 추천합니다.

TIP **차에도 유통 기한이 있어요**

보이차의 경우는 유통 기한을 제조일로부터 20년 뒤까지 표기하는 경우도 있어요. 반면 녹차는 유통 기한이 2년 정도예요. 차를 만드는 방식이나 종류, 혹은 잎차인지 티백인지에 따라서도 유통 기한이 달라져요. 그러니 구입한 차의 패키지에서 유통 기한을 꼭 확인해보세요.

보이차는 어때요?

처음의 낯섦을 넘어서면 온갖 이유를 붙여가며
마실 만큼 찾게 되는 차예요.

가라앉은 기분에는 생차를,
날아다니는 감정에는 숙차를
보이차

어떤 차들은 시간과 기분에 따라 찾게 되지만, 이유를 붙여가며 마시는 차도 있습니다. 날이 추워서, 날이 더워서, 이제 막 잠에서 깨서, 잠들기 전이니까. 이렇게 온갖 이유를 붙여가면서 찾게 될 만큼 보이차를 좋아합니다.

보이차는 미생물로 발효된 차라고 볼 수 있어요. 찻잎을 쌓아두고 온도와 습도를 높여 미생물이 좋아하는 환경을 만들어 찻잎을 발효시킵니다. 차를 만드는 가공 과정이 끝나고 포장을 해두어도 조금씩 발효가 되는 차예요. 그래서 보이차는 매년 더 익어간다고 표현하기도 해요.

사실 보이차는 왠지 모를 무게감이 있어서 쉽게 시도하지 못했던 차였습니다. 특히나 그 커다란 원반 형태(중국에서는 보이차를 주로 원반 형태로 뭉쳐서 만듭니다)의 보이차를 처음 봤을 때는 이걸 어떻게 먹나 어렵게 느껴지고 걱정스러웠거든요. 뭉쳐 있는 차를 살살 달래가며 뜯어야 하는데, 잘 몰라서 원반을 들고 절반으로 '뽀각!' 부셔서 마셨던 기억도 있고요.

처음 차를 소개할 때는 사람들이 이렇게 '차'에 대해 느끼는 낯섦이나 어려움을 조금이나마 해소해드리고 싶은 마음이 컸습니다. 가볍게 차를 시도해볼 수 있도록 패키지를 만들 때 고심해서 용량을 정하고, 시간과 감정, 날씨를 빌려 차의 향미를 설명하는 카드도 넣었어요. "차, 그렇게 어렵지 않아요"라는 이야기를 전하고 싶었거든요. 큰 기조는 변하지 않았지만, 최근에는 어려운 것도 그 나름대로 매력이 있다는 생각이 들어요. 왠지 모를 부담감과 어려움을 이겨내고 마침내 한 걸음을 내딛는 순간, 새로운 세계가 펼쳐지는 즐거움이 있거든요. 처음엔 낯설어하던 보이차를 지금은 이유를 붙여가며 먹는 것처럼요.

보이차는 생차와 숙차로 나눌 수 있는데, 가볍게는 발효의 차이라고 볼 수 있어요. 차를 만들 때 악퇴발효(물을 뿌려 발효시키는 과정)를 거친 차를 보이숙차, 이 발효를 거치지 않은 차를 보이생차라고 합니다. 굳이 비교해 시음해보지 않더라도 맛의 차이는 엄청난데요. 김치에서 겉절이와 묵은지만큼의 차이라고 한다면 이해가 쉬울지도 모르겠습니다. '보이차'라는 단 하나의 카테고리로 묶기에는 속한 차들의 맛도 향도, 찾게 되는 이유도 너무나 다양해요.

보이생차는 나른한 오후를 깨우고 싶은 날 찾게 됩니다. 과일 향 같기도 하고, 꽃 향기가 나기도 하고, 때로는 치즈 같은 풍미가 느껴지기도 하니 맛과 향에 집중해서 차를 마시고 싶은 날에 잘 어울립니다. 머릿속이 복잡한 날에도 생차가 떠올라요. 감각에 집중하다 보면 머릿속이 비워지잖아요. 그래서인지 가라앉은 기분에 자주 찾게 되는 것도 생차입니다.

반면에 보이숙차는 친구 같은 차입니다. 발효도가 높은 차들이 특히 그렇지만, 뭉근하고 묵직하고 고소하고 포근하고 편안한 느낌이 있어요. 일하면서 가장 많이 마시는 차도 숙차입니다. 차를 내리자마자 마셔도 좋고, 한 김 식은 차에서 표현되는 맛도 즐겁거든요. 때로는 티 필터에 담아 왕창 우려내고는 물처럼 벌컥벌컥 마시기도 하고요. 찻물에서 묵직한 나무 향이 올라오면 꼭 비 오는 날 숲속을 걷는 듯한 기분이 듭니다. 퐁퐁 날아다니는 감정을 붙잡아 올 때도 제격이랍니다.

TIP **밀크티 보이숙차**

보이숙차는 밀크티로 즐기기도 좋아요. 보이숙차 4g을 뜨거운 물 80ml에 진하게 우려주세요. 여기에 따뜻하게 데운 우유 150ml를 넣으면 완성. 달콤한 밀크티를 원하신다면 설탕이나 시럽을 넣어도 좋아요.

차를 우려볼까요

차는 이만큼

약 3g

물의 양	물의 온도	우리는 시간
100~150ml	90~100°C	10초

STEP 1 **다기 데우기**

찻자리를 준비합니다. 차를 우릴 다관에 뜨거운 물을 부어서 데웁니다. 오늘의 찻자리에 숙우와 잔도 준비했다면 여기에도 뜨거운 물을 옮겨 담아가며 데워주세요. 충분히 따뜻해지면 담긴 물을 버립니다.

STEP 2 **찻잎 넣기**

오늘 준비한 차는 보이생차예요. 따뜻해진 다관에 찻잎을 3g 넣습니다. 단단하게 압축된 형태의 보이차라면 찻잎이 뭉쳐 있어서 작은 덩어리만 살살 뜯어 넣어도 3g 정도가 될 거예요. 무게를 재기 어렵다면 500원짜리 동전 크기로 만들어 넣어보세요.

STEP 3 **찻잎 향 맡기**

마른 찻잎이 약간의 온기와 습기를 머금으면서 향을 뿜어내기 시작합니다. 다관 뚜껑을 덮어서 향을 잠깐 가둬두었다가, 코앞에서 살짝 열어 가늘고 길게 찻잎 향을 맡아보세요.

STEP 4 **물을 부어 찻잎 깨우기**

끓는 물을 바로 다관에 붓습니다. 10초 이내로 빠르게 우려서 찻잎이 전체적으로 물을 머금도록 합니다. 차를 씻어내고 깨운다고 해서 '세차', 또는 '윤차'라고 부르기도 해요. 세차할 때 사용한 물은 모두 버립니다.

STEP 5 **차 우리기**

차를 살짝 깨웠다면, 이제 본격적으로 우려봅니다. 끓는 물을 바로 부어도 좋고요. 90도 정도로 한 김 식힌 물을 부어 우려도 좋습니다. 물의 양은 3g 기준으로 100~150ml, 10초 정도 우려 빠르게 내려주세요. 우려낸 차는 숙우나 컵 등에 옮겨 담습니다.

STEP 6 **차 마시기**

옮겨 담은 차를 마시면 되어요. 보이차는 위 방법으로 우릴 때 8~10번 정도 우릴 수 있습니다.

STEP 7 **잔향 즐기기**

찻잔으로 옮겨서 차를 드신다면, 잔에 남은 잔향을 즐겨보세요. 차를 마신 뒤에 은은하게 올라오는 잔향은 마른 찻잎의 향과는 또 다른 즐거움을 줍니다.

TIP **냉침 보이생차**

저온에서 보이생차를 오래 우리면 부드럽고 향기로운 아침을 맞이할 수 있습니다. 자기 전에 1.5L 용량의 물병에 물과 보이생차 5~7g을 넣고, 냉장고에 둡니다. 아침에 일어나 찻잎을 건져내고 드셔보세요.

허브차는 어때요?

카페인이 부담스러울 때는
품이 넓은 우리나라 허브차의 멋을 즐겨요.

알고 보면 무척 범위가 넓은 허브차

큰 주전자에 물을 펄펄 끓이고, 보리차를 넣어서 식혀두던 할머니의 모습이 떠오릅니다. 더운 여름, 단단히 얼린 얼음에 보리차를 따라서 벌컥벌컥 마셨던 날들도요. '허브차'라고 말하면 어쩐지 멀게 느껴질 수도 있지만, 보리차도 허브차라는 걸 떠올리면 너무나 일상적이고 친숙하게 다가옵니다.

식당에서 물 대신 보리차나 우엉차가 나와도 전혀 이상할 것 없는 문화에 우리는 살고 있어요. "차 한잔하자"는 말이 "얼굴 한번 보자"라는 의미로도 사용되는 걸 보면 '차'는 우리의 생활의 한 부분이 아닐까 해요.

허브차는 차나무 잎이 아니라, 꽃, 뿌리, 씨앗 등으로 만든 차를 뜻합니다. 건강을 위해, 카페인이 없는 음료를 찾아서, 때로는 물 대신으로 다양한 목적으로 즐기는 차입니다. 누군가는 차나무 잎이 들어가지 않았는데 어떻게 차라고 부를 수 있느냐고 반문할지도 모르겠습니다. 하지만, "차 한잔하자"고 했는데 왜 커피를 마시냐고 화낼 수 없는 것처럼 넓은 의미로 '차'를 이해해보기로 해요.

허브차 하면 흔히 캐모마일이나 페퍼민트 차 정도를 떠올리기 쉽지만, 사실 우리나라의 허브차는 조금 더 넓은 범위를 다룹니다. 민들레, 쑥, 구기자, 결명자, 우엉, 헛개나무 열매, 인삼까지. 이렇게 다양한 것들을 우려내 차로 마시고 있어요. 세상의 모든 식재료를 우려버릴 것만 같은 우리나라의 허브차들, 멋지지 않나요?

우리나라에서 식물과 나무뿌리, 꽃 등을 먹을 수 있는 것과 없는 것으로 구분하기 시작했던 이유는 기근 때문이었다고 해요. 구황작물과 비슷하다고 볼 수도 있겠네요. 세종대왕 때에는 흉년이 되거나 기근이 들면 백성들이 이 위기를 잘 넘길 수 있도록 식용이 가능한 꽃, 뿌리, 풀, 열매, 나무껍질을 구분해 정리했다고 하는데요. 우리나라의 허브 문화에는 힘든 시기를 잘 이겨내길 바라는 마음이 담겨 있지 않을까 합니다.

오늘은 몸을 따뜻하게 해주고, 자기 전에 마시기 편한 쑥차를 함께 마셔보려고 해요. 고소하고 달콤한 부드러움이 특징인 하동의 여린 쑥으로 만든 쑥차입니다.

차를 우려볼까요

차는 이만큼

약 2g

물의 양	물의 온도	우리는 시간
200ml	80°C	1분

STEP 1 **찻자리 준비하기**

다관, 컵 등 다기를 꺼내 찻자리를 차려요. 뜨거운 물을 담아 준비한 다기를 데웁니다. 데울 때 사용한 물은 버립니다.

STEP 2 **찻잎 넣기**

쑥차는 잎이 가벼워서 물에 동동 뜰 수 있어요. 데워진 다관 안에 찻잎 2g을 먼저 넣으세요. 향도 맡아보세요. 마른 하동 쑥차 잎에선 은은한 초콜릿 향이 나기도 해요.

STEP 3 **물 온도 맞추기**

80도 정도로 식힌 물로 차를 내릴 거예요. 온도계가 없다면 물을 팔팔 끓이고 3분 정도 식히면 알맞아요.

STEP 4 **차 우리기**

찻잎 위로 식힌 물을 천천히 떨어뜨립니다. 준비한 쑥차 2g에 물 200ml를 우려보세요. 머그컵 한 컵 정도랍니다. 1분간 우립니다.

STEP 5 **차 마시기**

우려낸 차를 맛보세요. 취향에 따라 다음번엔 우리는 시간을 조절해주세요.

STEP 6 **몇 번 더 우려도 좋아요.**

이 상태에서 두 번, 세 번 우려도 좋습니다. 여러 번 우리면 차의 맛과 향이 점점 연해질 거예요. 뒤로 갈수록 우리는 시간을 늘려주세요.

TIP **냉침 쑥밀크티**

쑥차 5g을 우유 500ml에 넣어 냉장고에 밤새 재워두세요. 여기에 설탕, 비정제 원당, 스테비아 등 취향에 맞는 재료로 당도를 조절합니다. 저는 비정제 원당 기준으로 15g을 넣곤 해요. 다음 날 은은한 쑥향이 퍼지는 냉침 쑥밀크티를 마실 수 있을 거예요.

YOUR

WN TEA

#4

도구가 주는 즐거움

얼마 전, 거실 테이블 한편에 티포트를 올려놓고, 찬장에 보관하고 있던 다기들도 꺼내 올려두었습니다. 왠지 허전해 보여서 작은 램프와 화분도 두니, 꽤 괜찮은 찻자리가 상시 대기 중입니다.

다기들을 늘 보이는 곳에 꺼내 두었더니 하루를 마무리하는 방법이 달라졌습니다. 티포트에 물을 올려두고, 책이나 노트를 주섬주섬 챙겨서 테이블에 앉게 되었거든요. 손님들에게도 "차 한잔할래요?"라는 말을 쉽게 꺼내게 되었습니다.

물건을 보면 마음이 생긴다고 하죠. 찻자리를 만들어놓으니 습관이 바뀌는 걸 체감하는 요즘입니다. 이제야 노트를 사면서 '기록'을 하겠다고 다짐하고, 러닝화를 사면서 '러너'를 꿈꾸는 저를 이해하게 됩니다.

이번 장에서는 차를 마실 때 도구가 주는 즐거움을 이야기해보려고 합니다. 여러분의 찻자리에, 혹은 여러분의 마음에 가장 잘 어울리는 도구를 찾아보세요.

커피 도구로 내리는 차

차는 도구가 많이 필요해서 시작하기 어렵다고 느끼신다면, 커피 도구를 과감히 추천합니다. 차를 내리는 기본적인 개념이 커피와 크게 다르지 않기 때문이에요. 커피는 원두를 뜨거운 물에 우려서 내린다면, 차는 찻잎을 뜨거운 물에 우려서 내리거든요. 다만, 차를 우릴 때는 찻잎이 뜨거운 물에 어느 정도 잠겨 있도록 해주는 게 좋습니다. 커피를 내리는 방법 중에서는 특히 '클레버'라는 도구를 사용하는 방식과 닮아 있지요. 여러분의 찬장에 있을 법한 커피 도구들로, 차를 우리는 방법을 소개할게요.

커피 서버

주로 커피를 내릴 때 사용하는 커피 서버입니다. 유리로 된 커피 서버는 찻잎이 풀어지는 모습을 보기에도, 찻물의 색을 바라보기에도 좋은 도구입니다. 차를 마시다 보면, 수색만 보고도 내가 좋아하는 맛을 가늠하게 되기도 해요.

커피 서버로 차를 우린다면 뚜껑에 찻잎을 거를 수 있는 망이 있는 형태의 제품을 추천해요. 사진 속 제품은 '하리오 커피 드립 서버'입니다. 안쪽에 찻잎을 넣고, 뜨거운 물을 부어서 차를 우려주세요. 머그컵 한 잔 분량을 원하신다면, 250ml 용량의 제품이 괜찮아요. 차를 다 우린 뒤에 머그컵에 온전히 옮겨서 마실 수 있는 정도거든요.

사용해볼까요

STEP 1

커피 서버에 따뜻한 물을 담아 내부를 데웁니다. 데울 때 사용한 물은 모두 버립니다.

STEP 2

찻잎을 커피 서버 안에 넣고 살짝 흔들어줍니다. 은은하게 올라오는 향을 먼저 맡아보세요.

STEP 3

뜨거운 물을 커피 서버 안의 찻잎이 흔들릴 정도로 힘차게 부어요.

STEP 4

레시피에 맞게 차를 우린 뒤, 다 우린 차는 컵으로 옮겨 마셔요.

클레버

커피 도구 중 차를 우리기 가장 좋은 도구를 찾는다면 역시 클레버를 추천합니다. 다기 중에서는 차를 우리는 부분과 찻물이 담기는 부분이 하나로 합쳐진 '표일배'라는 도구가 있는데, 클레버와 비슷한 구조입니다.

클레버에 커피 필터를 올려두고, 그 안에 정량의 찻잎을 넣어요. 뜨거운 물을 붓고 잠시 차가 우러나길 기다렸다가, 머그컵에 클레버를 올려두면 우러난 찻물이 내려가고 찻잎은 자연스럽게 걸러집니다. 정신없이 작업을 하는 날에는 역시나 이런 간편한 도구를 찾게 되죠. 클레버 단 하나만으로도 커피나 차를 우릴 수 있기 때문에, 사용하기쉽고 편리해요.

단, 클레버로 차를 내릴 때는 곧바로 머그컵 위에 올려 침출하지 마세요. 뜨거운 물을 바로 내려보내는 핸드드립 방식보다는, 찻잎이 뜨거운 물 안에서 천천히 우러나길 기다렸다 내려 마시는 방식이 좋습니다.

사용해볼까요

STEP 1

클레버에 커피 필터를 넣고, 필터가 젖도록 전체적으로 뜨거운 물을 부어 주세요.

STEP 2

클레버를 머그컵에 올려 뜨거운 물이 내려가도록 해 컵까지 데웁니다. 데운 뒤 물은 버리세요.

STEP 3

클레버를 다시 테이블에 놓고, 정량의 찻잎을 넣은 뒤 뜨거운 물을 부어요. 차가 알맞게 우러나길 기다려요.

STEP 4

다 우린 뒤, 머그컵 위에 클레버를 올려서 우러난 찻물을 컵에 내려 마십니다. 찻잎은 클레버 위에 남아 걸러질 거예요.

머그컵에
티 필터만 있어도 괜찮아요

주변에서 가장 친숙한 차 도구 중 하나가 바로 티 필터입니다. 주머니처럼 생겨서 안에 잎차를 넣을 수 있는 형태죠. 마치 보리차를 만들 때 끓는 물에 보리차 팩을 넣는 것처럼, 티 필터에 찻잎을 넣어 팩처럼 만들어 차를 우리는 것도 좋은 방법입니다. 찻잎을 건질 때는 티 필터만 꺼내면 되니 편리하고요. 특히나 찬물에 밤새 우려내는 방법인 '냉침'에는 티 필터가 아무래도 제격이죠.

차도구는 결국 찻잎을 '어떻게' 걸러낼 것인가의 방법 차이입니다. 티 필터는 정량대로 찻잎을 담고, 꺼내면 그만입니다. 어떤 형태의 찻잎도 양껏 우려낼 수 있고, 좋아하는 잎차를 담아두었다가 그때그때 챙겨가서 회사나 강의실에서 우려 마시기에도 좋고요. 병에 물과 함께 넣어 밤새 우려두면, 다음 날 그대로 가지고 나갈 수 있는 장점도 있습니다.

언제 어디서나, 쉽고 편하게 잎차를 마실 수 있는 방법이기도 하고, 가격도 저렴합니다. '차를 한번 마셔볼까?' 마음은 들지만, 도구를 갖추기는 부담스럽다면 티 필터로 다양한 잎차를 즐겨보는 것도 좋은 시작입니다. 텀블러, 머그컵,

주전자에 티 필터를 넣어 차를 우려보세요. 이곳에선 티 필터를 사용해 냉침차 만드는 방법을 소개하겠습니다.

사용해볼까요

STEP 1

찻잎은 물 500ml당 3g 정도로 준비해 티 필터에 넣습니다. (시중의 티백 차는 2개를 넣으면 냉침차 만들기에 적당해요.)

STEP 2

따뜻한 물에 잎차가 들어 있는 티 필터를 살짝 적셔서 찻잎을 깨워주세요. 그러면 조금 더 빠르고 진하게 우러납니다.

STEP 3

티 필터를 찬물에 넣고, 그대로 냉장고에서 하룻밤을 재워주세요.

STEP 4

아침에 일어나서 티 필터는 꺼내고, 낮은 온도에서 천천히 우러난 차를 즐겨보세요.

담백하게 차려보는
기본 찻자리 세팅

조금 더 본격적으로 차를 시작해볼 마음이 드셨다면, 조금씩 다기를 마련해보는 것도 즐거울 거예요. 기본으로 갖춰두면 좋은 다기들을 소개하겠습니다. 오늘은 나를 위해 작은 찻자리를 준비해보세요.

1. 티포트

물을 끓이는 도구입니다. 전기 티포트를 추천해요. 새로 마련한다면 이왕이면 너무 저렴하지 않은, 견고하고 잘 만들어진 제품을 구매하세요. 전기 티포트를 추천하는 이유는 간편해서예요. 특히 물 온도를 100도로 계속 우려줘야 하는 차를 내릴 때는 따로 전기 티포트가 아니라면 하이라이트 등의 레인지 제품도 따로 갖춰야 해서 번거로울 수 있거든요.

2. **다관, 개완**

찻자리의 중심이 되는, 차를 우리는 도구입니다. 다관은 주전자 모양의 다기이고, 개완은 뚜껑과 잔만으로 차를 우리는 중국식 다기예요. 찻자리에 두 가지 모두 필요한 건 아니고, 원하는 걸 선택하면 돼요. 다관이나 개완처럼 차를 우리는 도구는 내 손에 맞고, 사용감도 좋으면서, 취향에 맞는 것을 고르는 게 좋아요. 결국 얼마나 자주 사용하느냐의 문제는 사용감으로 결정되거든요. 다관과 개완은 뒤에서 더 자세히 다뤄볼게요.

3. **숙우**

우려낸 차를 담아두는 용도입니다. 여럿이 차를 마실 때 모두가 균일한 차의 맛을 즐길 수 있도록, 우려낸 차를 섞어주는 역할을 해요. 준비한 찻잔이 작을 때는 우려낸 차를 담아둘 곳이 되어줍니다. 우려낸 차를 한 김 식히기에도 좋고요. 작은 찻잔을 사용할 때는 숙우에 담긴 차를 여러 번 나눠 따라내야해요. 그러니 숙우를 마련할 때는 절수가 잘 되는지 체크해보면 좋습니다. 물을 따르다가 끊어냈을 때, 줄줄 흐르지 않는 것이 좋겠지요.

4. **찻잔**

한 손에 쏙 감싸지는 작은 잔부터 큰 머그컵까지. 차도구 중에서 색도 소재도 가장 다양하지 않나 싶어요. 작은 찻잔은 본격적으로 찻자리를 차려 마실 때 주로 사용하게 되고, 큰 머그컵은 일하면서 차를 마실 때 편리해요.

5. **퇴수기**

차의 종류에 따라 처음 우린 차를 마시지 않고 버리는 경우도 있고, 둥둥 떠다니는 찻잎을 덜어내는 상황도 생기는데요. 이럴 때 버리는 물을 담는 도구입니다. 퇴수기는 따로 구매해도 좋지만, 작은 사이즈의 빈 병을 재활용하는 것도 방법이에요.

도구가 내어주는 여유

다관

다관은 찻자리의 중심이 되는 도구이지요. 주로 차를 위해서만 쓰이기 때문에 어쩐지 어렵게 느껴질 수도 있고, 시간과 여유가 있어야 마련할 수 있다고 생각하실 수도 있어요. 하지만 물성을 지닌 도구가 주는 즐거움은 때때로 우리의 예상을 넘어섭니다. 사용하는 도구가 우리의 시간과 태도를 정의하기도 하거든요.

다관 같은 조금은 본격적인 차도구를 꺼내면 '오늘은 나를 위해 본격적으로 차를 마셔보겠어!'라는 생각이 들기도 하고, 필연적으로 잠깐 쉬어가는 시간이 생기기도 하는 것처럼요. 시간과 여유가 있어야 차도구를 꺼내는 게 아니라, 차를 마시기에 바쁜 일상 속에서도 차도구로 틈을 낼 수 있는 것이라고 생각해요.

다관은 주전자 모양의 다기로, 열을 품어주는 형태입니다. 안에 찻잎과 물을 넣어 차를 우립니다. 내부에는 찻잎을 걸러줄 수 있는 거름망이 있습니다. 도자기, 유리, 스테인리스 등 다양한 소재로 만들어지는 다관은 그 모양이 다양하고 아름다워 바라만 봐도 즐거울 때가 많아요.

無

TIP **다기를 마련하고 싶을 때는**

나만의 차 취향이 생기고, 본격적으로 차를 시작해보고 싶다면 다기를 마련해보시는 것도 좋아요. 국내 작가님들의 수공예 차도구를 추천해요. 나만의 차도구를 찾아보는 시간도, 여러 공예품 중에서 내가 좋아하는 걸 찾는 시간도 의미가 있거든요. 차도구를 사용할 때마다 다기를 만드는 과정과 정성이 떠오를지도 몰라요. 사람의 손으로 만든 물건은 그런 힘이 있습니다. 다만, 아직 차의 취향을 찾고 있거나 가볍게 시작해보고 싶다면 시중에 판매하는 유리 소재의 다관도 좋아요. 찻잎이 풀어지는 모습이나 수색을 바라보는 즐거움이 있거든요.

사용해볼까요

STEP 1

다관을 따뜻한 물로 데웁니다. 예열한 다관의 물은 비우고, 찻잎 3g을 넣으세요.

STEP 2

다관 뚜껑을 덮어서 살짝 흔든 뒤, 뚜껑을 열고 올라오는 향을 맡아보세요.

STEP 3

이제 본격적으로 차를 우려봅니다. 팔팔 끓인 물을 90도로 한 김 식혀 다관에 부어주세요.

STEP 4

1분 뒤, 다관 안에 우러난 차를 숙우에 옮겨 담고, 찻잔에 나눠 따라 마시며 천천히 즐겨보세요.

비스듬한 틈새로 흘러나오는 개완

개완은 중국식 차도구입니다. 뚜껑, 몸통, 받침 세 부분으로 나뉘어요. 주로 잎차를 마실 때 사용한다고 해요. 중국 영화에서도 종종 볼 수 있는 차도구이기도 합니다. 개완은 마치 밥그릇처럼 생겼어요. 그 안에 찻잎과 물을 넣어 우리고, 뚜껑과 몸통 부분의 틈으로 찻잎은 거르고 우려낸 찻물을 따라내는 방식으로 사용합니다. 처음에는 어려워도 사용하다 보면 자주 손이 가는, 묘한 매력의 도구입니다. 이국적인 느낌도 살짝 나면서 적당히 까다롭고, 또 생각보단 간단하거든요.

다관과 개완은 주로 도자기나 유리로 된 것이 많습니다. 도자기는 다양한 디자인과 질감, 색감을 즐길 수 있다는 매력이 있고, 유리 소재는 찻잎이 우러나는 모습과 색을 바라볼 수 있다는 장점이 있어요. 다만, 유리 소재 제품은 오프라인 등에서 꼭 사용해본 뒤에 구입하는 걸 추천합니다. 무게감, 질감, 무게중심, 내 손에 맞는 사이즈가 미묘하게 다르거든요.

개완은 연습이 필요해요

연습할 때는 미지근한 물이 좋습니다. 다관과 달리 개완은 손잡이가 따로 없기 때문에 자칫 잘못하면 손을 델 수 있거든요. 뒷부분에서 올라오는 수증기가 뜨거울 수도 있고요. 개완 잡는 법, 기울이는 각도 잡기 등 여러 연습을 해봅시다.

1. 자신의 손에 맞는 크기의 개완을 고르세요. 엄지와 중지로 개완 몸통의 입구 부분('날개'라고 표현하기도 해요)을 잡고, 검지로 뚜껑의 꼭지 부분을 눌러주세요. 편안하게 세 손가락으로 개완을 들 수 있다면 손에 잘 맞는 사이즈예요.

2. 뚜껑을 몸통에 비스듬하게 놓아주세요. 그리고 개완을 들어볼 건데요. 오른쪽 사진을 참고해주세요. 뚜껑 꼭지 부분을 잘 잡아야 합니다. 보통은 검지로 뚜껑을 잡아 고정해요. 개완을 잡는 법은 여러 가지예요. 꼭 한 손으로만 잡을 필요는 없어요. 한 손은 뚜껑을, 다른 한 손은 몸통을 잡고 개완 속 물을 따라내도 좋습니다.

3. 주의할 점이 있어요. 뚜껑과 몸통을 잡고 차를 잘 따라내다가도 개완의 뒷부분 틈에서 올라오는 수증기에 손을 델 수도 있어요. 손을 개완 살짝 위쪽에 두고 잡으면 그럴 일은 없을 거예요. 뚜껑과 몸통 사이로 물이 흘러나오게 담긴 물을 따라내봅니다.

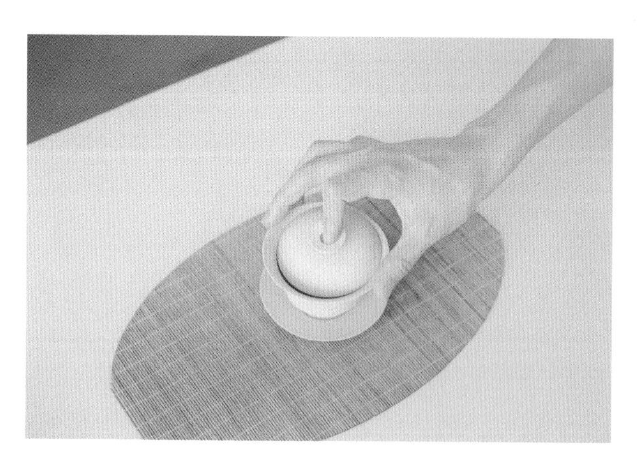

사용해볼까요

STEP 1

따뜻한 물을 담아 개완을 예열하세요. 개완을 데운 뒤에 물은 비우고, 찻잎 3g을 넣습니다.

STEP 2

뚜껑을 꼭 맞게 닫고, 개완을 살짝 흔들어서 마른 찻잎이 안쪽의 온기와 습기를 머금을 수 있도록 해요.

STEP 3

개완을 들어 코앞에서 뚜껑을 살짝 열어보세요. 은은하게 흘러나오는 향을 맡아보세요.

STEP 4

이제 개완에 뜨거운 물을 부어요. 찻잎을 전체적으로 적셔가며 물을 부어 주세요.

STEP 5

뚜껑을 제대로 닫고 30초 정도 기다렸다가, 뚜껑을 살짝 비스듬히 덮어서 엄지, 중지, 약지로는 날개를, 검지로는 뚜껑을 잡고 개완을 듭니다. 아니면 아예 한 손은 뚜껑을, 다른 한 손은 날개를 잡고 들어도 돼요.

STEP 6

뚜껑과 몸통의 틈 사이로 찻잎은 걸러내고 찻물을 따릅니다.

STEP 7

찻물은 찻잔으로 바로 담아도 좋고, 숙우에 옮긴 뒤에 작은 잔에 여러 번 나눠 마셔도 좋습니다.

TIP **물을 따라낼 때 개완 뚜껑이 너무 흔들리거나 고정이 안 된다면**

우선 개완 뚜껑을 비스듬히 닫은 뒤, 몸통(날개)에서 뚜껑이 닿은 두 지점을 찾아보세요. 이 두 점을 기준으로 뚜껑이 앞뒤로 흔들리게 되죠. 개완을 잡을 때 날개에서 이 지점을 엄지와 중지로 잘 고정하고, 뚜껑은 검지로 눌러주면 조금 더 안정감 있게 개완을 사용할 수 있을 거예요.

차의 시간을
더욱 촘촘하게 만드는 물건들

없어도 그만이지만, 함께하면 더 좋은 차도구를 소개합니다. 앞서, 때로는 도구가 우리의 태도를 정의한다는 이야기를 드렸는데요. 정성 들여 고른 섬세한 도구를 갖춰두고, 정갈하게 찻자리를 차리는 것은 스스로에게 하는 작은 선언이기도 해요. '오늘은 차에 집중해보겠어!' 같은 소소한 선언요. 차도구를 챙기고, 자리에 잘 차려놓고, 물을 끓이기 시작하면 저 멀리 돌아다니던 마음도 가만히 제자리에 돌아옵니다. 찻잎이 놓일 자리를 만드는 일, 구름 같은 무게를 재는 시간, 나의 생활에 차를 마시는 시간을 마련해두는 일. 이 모든 순간들이 차의 시간을 더욱 촘촘하게 만들어줍니다. 바라만 보아도 즐거운 찻자리를 만들어주는 도구를 소개합니다.

미세저울

0.01g까지 측정하는 미세저울입니다. 찻잎의 양을 정확하게 계량할 수 있어요. 차의 맛을 결정하는 중요한 요인으로 찻잎의 양, 물의 온도, 우리는 시간, 물의 양을 꼽을 수 있는데요. 같은 찻잎을 가지고도 우리는 방법에 따라서 맛이 있기도 하고, 없기도 하다는 의미입니다. 그래서 처음 마시는 차는 가이드에 맞춰서 정확하게 우리는 것이 좋아요. 기준이 되는 차를 맛봐야만 자신의 취향에 맞게 변주를 할 수 있거든요. 찻잎의 양을 미세저울로 재는 이유도 여기에 있습니다. 찻잎이 워낙 가볍기도 하고요. 차를 마시다 보면 내 취향의 맛과 향을 알게 되는 순간이 올 거예요. 손이 자주 가는 다기가 생기는 것처럼요. 예를 들면 저는 요즘 중국차는 4g, 한국차는 3g 정도로 마시고 있어요.

다하

차통에서 마른 찻잎을 꺼내 올려두는 그릇입니다. 사진 속의 다하는 호두나무를 깎아 만든 것이에요. 저울 위에 다하를 올리고, 찻잎을 계량할 때 쓰기도 하고요. 마른 찻잎을 관찰하는 용도로도 사용해요. 본격적인 마음가짐으로 차를 마실 때에는 다하를 꺼내게 됩니다.

차칙

다하에 있는 찻잎을 다관이나 개완으로 옮겨 담을 때 사용합니다. 저는 대나무 줄기로 만든 차칙을 주로 사용하는데요, 찻잎을 하나하나 밀어내면서 떨어뜨리면 차에 조금 더 정성이 담기는 느낌이 들어요. 다하와 세트로 사용하고 있습니다.

티매트, 트레이

차를 마시는 자리가 펼쳐지는, 프레임 역할을 합니다. 다양한 소재와 색상, 디자인을 선택할 수 있어 여러 분위기를 연출할 수 있어요. 차도구를 꺼냈는데 왠지 모르게 둥둥 뜨는 느낌이 든다면, 트레이나 티매트를 활용해보세요. 한층 달라진 찻자리를 즐길 수 있을 거예요.

YOUR

WN TEA

#5

차의
시간 감상법

차를 마실 때, 조금만 주의를 기울이면 맛 이외에도 다양한 감각을 느낄 수 있습니다. 물 끓는 소리, 공간에 퍼지는 향, 햇빛에 반사되어 반짝이는 찻물의 모습.

소란스러운 마음은 어느새 사라지고 내 앞에 놓인 차와 나만이 존재합니다. 이렇게 감각을 느껴보는 것도 차를 즐기는 하나의 방법이에요.

이번 장에서는 감각으로 즐기는 차의 시간을 다뤄보려고 해요. 맛, 향, 소리, 온도 등 감각에 조금 더 집중해서 차를 마셔봐요. 새로운 무언가에 눈을 뜨게 될지도 몰라요.

차의 시간을 채우는
소리를 들어보세요

차를 마시기 위해 주전자에 물을 올립니다. 다기를 고르며 찻자리를 준비하는 사이, 주전자의 코에서는 조금씩 김이 올라오기 시작합니다.

가만히 앉아 눈을 감고 귀를 기울이세요. 이제 눈을 뜨고 주전자 코에서 힘차게 나가는 김을 바라봅니다. 멍하니 생각을 비우기 좋은 순간입니다. 경쾌하면서도 낮게 들리는 보글보글 물 끓는 소리. 그 위로 뜨거운 김이 공간에 퍼지는 순간에 집중해봅니다.

다관, 혹은 개완에서 차를 따라내는 순간의 소리도 챙겨보세요. 미끄럽게 또르륵 떨어지는 물방울 소리. 물방울이 찻물 위에 튀어오르는 소리, 찻잔을 탁자 위에 내려놓는 소리.

차를 마시다 보면 애쓰지 않아도 찻자리의 아주 작은 소리까지 들려오는 날이 있을 거예요. 그날의 내 마음은 어떤 상태인지 기억해두세요. 나를 돌보는 방법이 되어줄 거예요.

다기의 질감과 온기,
그리고 무게를 느껴보세요

찻자리를 준비하며 선반 위의 다기를 꺼내봅니다. 오늘은 다기를 손으로 감싸고 천천히 시간을 들여 만져보세요. 매끈한, 까슬까슬한, 투명한, 부드러운, 다양한 질감은 차의 시간을 즐겁게 합니다.

찻잔에 담긴 차의 온기를 조심히 감싸보세요. 잔의 무게감, 잔에서 전해지는 온기, 차를 마시며 지나쳐갔던 감각을 찾아보는 거예요.

빛에 반사된 다기가 만들어낸 그림자를 관찰해보세요. 시간에 따라 움직이는 그림자를 보는 재미가 있습니다. 다기의 질감, 모양을 차의 시간에 꾹꾹 담아봅니다.

찻잎의 솜털을 찾아보세요

찻잎을 자세히 바라보기 위해, 유리로 된 다관이나 숙우를 준비해주세요. 해가 잘 드는 창가에 찻자리를 차리면 더 잘 볼 수 있어요.

마른 찻잎이 담긴 유리 다관에 뜨거운 물을 부어요. 물이 스며들며 찻잎이 춤을 춥니다. 물을 최대한 다관 모서리를 향해 힘차게 부어주세요. 이렇게 하면 찻잎이 더 경쾌하게 움직이는 모습을 볼 수 있어요.

물을 부은 뒤, 다관 안에서 우려지는 찻잎의 모습을 조금 더 관찰합니다. 다 우려진 차는 유리로 된 숙우나 컵에 옮깁니다. 잎은 걸러지고 찻물만 남습니다.

이제 옮겨 담은 찻물을 햇빛에 비춰 자세히 바라보세요.
찻물 안에 반짝이는 무언가가 보입니다.

그건, 찻잎에서 떨어져나온 작은 솜털들이 빛에 반사되어 반짝이는 거예요. 찻물에서 찻잎의 솜털을 찾아보는 즐거움을 느껴보세요.

찻잎을 펼쳐놓고 바라보면 알게 되는 것들

찻잎을 펼쳐봅니다. 마른 찻잎, 젖은 찻잎 모두 놓아두고 구석구석 살펴볼 거예요.

작은 접시나 테이블 위에 마른 찻잎과 젖은 찻잎을 각각 올려놓아요. 젖은 찻잎은 집게 등을 사용하여 잘 펼쳐봅니다. 잎의 모양을 관찰해보세요.

온전한 모양의 찻잎을 발견하셨나요? 그렇다면 조금 더 자세히 보세요. 잎의 가장자리가 갈퀴 모양인 것도 찾아볼 수 있어요. 이건 차나무 잎의 특징이랍니다.

색의 다름도 관찰해보세요. 어떤 잎은 가장자리가 붉은 경우도 있고요, 젖은 잎과 마른 잎의 색도 다르지요. 찻잎이 분쇄된 정도를 알 수도, 유난히 윤기와 생기가 도는 잎을 발견할 수도 있답니다.

찻잎을 자세히 바라보기 시작한 이 순간부터 차를 대하는 태도가 달라질지도 몰라요.

관심을 가지고 바라보는 순간, 대상은 다른 의미가 되거든요.

세 단계로 나누어 차를 마셔보세요

차를 마실 때는 향(香), 맛(味), 색(色), 감(感), 정(情)이 있다고 합니다. 후각의 향, 입으로 전해지는 맛, 눈으로 보는 색깔, 느껴보는 감각 그리고 함께하는 마음이죠. 이 중 색과 향 그리고 맛에 집중하며 차를 마시는 세 단계를 소개할게요.

감각에 집중하는 차의 시간은 나를 들여다보게 합니다. 내가 어떤 맛과 향을 좋아하는지 알게 되거든요. 나에게 '좋음'이 무엇인지 만나보는 시간을 가져보세요.

하나. 먼저 차가 담긴 찻잔을 가슴 위치까지 들어 올려 차의 수색을 바라봅니다. 찻잎에서 우러나와 빚어진 찻물의 맑고 짙음의 정도, 영롱한 색깔을 눈으로 담습니다.

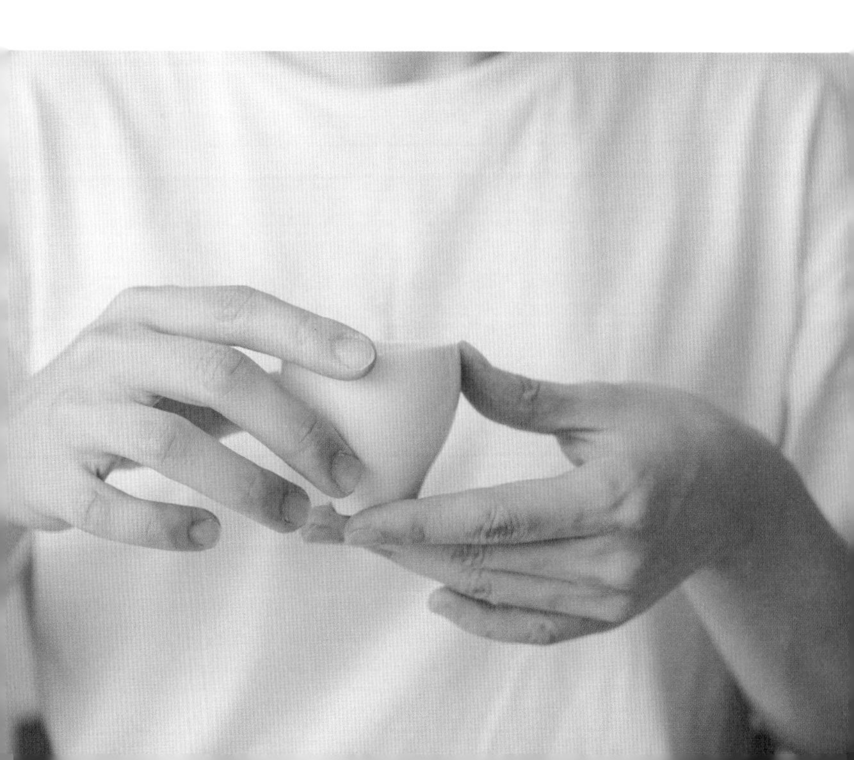

둘. 다음으로는 코의 감각을 깨워봅니다. 코로 천천히 숨을 들이쉬고 내뱉으며 은은하게 풍겨오는 차의 향에만 집중해봅니다. 숨을 들이쉴 때의 향, 내뱉을 때 코끝에 남은 향이 다르게 느껴지기도 할 거예요.

셋. 차의 맛에 집중합니다. 차 한 잔을 세 모금에 나누어 마시는데요. 우선 첫 번째 모금에서는 작게 한 모금 입에 머금고, 입 안 전체에서 느껴지는 맛을 관찰합니다. 두 번째 모금에는 입 안이 가득 찰 정도의 찻물을 머금은 다음, 서서히 삼켜봅니다. 차의 다섯 가지 맛으로, 쓰고 달고 시고 짜고 떫음이 있다고 해요. 어떤 맛이 느껴지는지 집중하며 차의 맛을 길게 가져갑니다. 그리고 마지막으로 남은 한 모금을 마시며 잔을 비웁니다.

세 가지 포인트로 향을 맡아보세요

이번에는 향에 더 집중해 차를 마셔볼까요. 향을 즐기는 첫 번째 포인트는 건엽부터 시작합니다. 따뜻한 물로 다관, 개완 등의 뚜껑이 있는 다기를 데운 다음 물은 버립니다. 준비한 마른 찻잎을 다기 안에 넣고 뚜껑을 닫아요. 그리고 살짝 흔들어줍니다. 찻잎이 다기 안의 온기와 습기를 머금으면서 향을 뿜어내기 시작합니다. 뚜껑을 열고 향을 맡아보세요. 건엽에서만 즐길 수 있는 바삭한 향입니다.

두 번째. 차를 우리는 중간중간 다관, 혹은 개완의 뚜껑에 묻어나는 향을 맡아보세요. 방금 우린 차의 향과 한 김 식힌 차의 향을 비교하는 것도 좋습니다. 미묘한 향미의 차이를 느껴보세요.

세 번째. 차를 마시고 비운 잔에 남아 있는 잔향을 맡아보며 마무리합니다. 세 가지 포인트 중에서 특히 좋았던 것을 골라보거나, 나만의 포인트를 만드는 것도 좋습니다.

미묘한 차의 맛들을 구분하고 느끼기 시작할 때, 우리는 더 풍부한 삶을 가질 수 있다고 믿어요. 담담히 느껴보는 차의 맛, 공간에 퍼지는 차의 향에는 조금 더 나은 지금을 만드는 힘이 있습니다. 스쳐지나갔던 순간순간을 차를 통해 긴 호흡으로 즐겨보세요. 차 한 잔이 지닌 힘을 여러분과 나누고 싶습니다.

Do it

차, 이렇게 시작해보세요

아직 시작이 조금 막연한 분들을 위해
차를 즐기는 방법을 다시 한번 정리했어요.

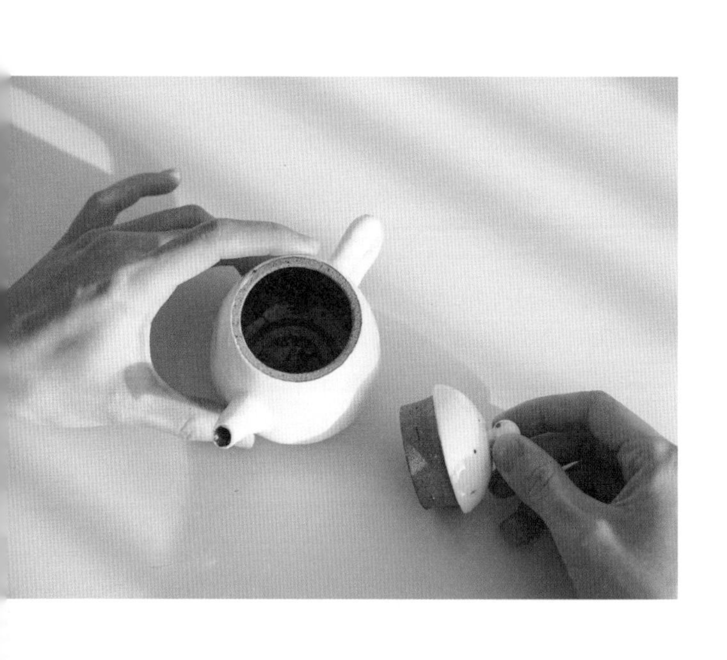

나에게 맞는
단계별 차 시작법

차에 대해 특별히 생각해본 적이 없다면

☞ 주변에 있는 다양한 차를 찾아보세요.

사실 일상 곳곳에는 다양한 차가 있습니다. 편의점에 진열된 페트병 속의 차도 있고, 카페에서 판매하는 차도 있고, 가루 형태의 차나 티백도 있죠. 나의 주변에 어떤 차들이 있는지 알아차려봐요. 그중 특히 내가 자주 마시는 것이 있는지 떠올려보세요. 차는 생각보다 가까이 있답니다.

☞ 티백으로 시작해도 좋아요.

물에 담기만 하면 차가 되는 티백. 여기에 머그컵만 있어도 충분히 차의 시간을 즐길 수 있습니다. 현미녹차, 둥굴레차, 보리차는 흔히 보셨을 거예요. 이 외에도 다양한 종류의 티백 차들이 있습니다. 마트에서도 쉽게 구매할 수 있는 티백으로 차와 친해져봐요.

차는 자세히 몰라도 마시는 시간을 좋아한다면

☞ 찻집이나 카페를 찾아보세요.

차를 활용하여 만든 다양한 음료를 찻집, 카페에서 접해보세요. 자몽홍차 아이스티, 레몬녹차 아이스티, 말차 라떼 같은 베리에이션도 좋고요. 이외에도 찻잎과 다양한 재료들(열매, 과일, 허브 등)을 배합한 블렌딩 티와 분쇄되지 않은 찻잎으로 만든 스트레이트 티(녹차, 백차, 황차, 홍차, 청차, 보이차)도 즐겨볼 수 있습니다. 인터넷 검색창에서 '찻집', '티룸'을 검색하고 적당한 곳에 들어가 어떤 차 메뉴가 있는지 살펴보세요. 궁금한 메뉴가 있다면 방문해보세요.

☞ 다양한 차 페어링/코스를 경험해보세요.

요즘에는 차와 함께 즐길 수 있는 이벤트도 많습니다. 차와 어울리는 디저트를 '페어링'하는 방법도 있고요. '티 코스'를 통해 다양한 차와 어울리는 디저트를 순서대로 즐겨볼 수도 있습니다. 찻집에서 경험할 수도 있고요, 유튜브나 블로그에서 추천하는 페어링을 따라해보는 것도 방법입니다.

'티 코스', '티 페어링' 키워드를 검색하고 예약해 즐겨보세요. 집에 돌아와 비슷한 차나 디저트를 구매해 따라해봐도 좋겠죠.

차에 관심이 많고, 다양한 차를 즐기고 있다면

☞ 사람들과 함께 차를 마셔요.

다른 사람들과 함께 차를 마시면 내가 미처 몰랐던 맛과 향을 탐미할 수 있습니다. 차를 즐기는 다양한 방법을 공유하며 새로운 맛과 향을 함께 찾아보는 거예요. 사람들의 다채로운 표현을 듣다 보면 느낄 수 있는 맛과 향도 넓어진답니다.

☞ 취향에 맞는 다기를 들여보세요.

나만의 다기를 마련해, 내가 좋아하는 차를 마시는 생활을 꾸려보세요. 특히 전문가가 만든 수공예 차도구를 들여보는 걸 강력히 추천합니다. 사람의 손으로 만든 물건은, 또 다른 힘이 있습니다. 나만의 다기를 찾고, 처음으로 차도구를 들이는 그 순간의 즐거움을 만끽하세요. 뭐든 처음은 다시 없는 순간이잖아요.

날씨에 따라 즐겨요

제가 생각하는, 각 날씨에 잘 어울리는 차를 소개합니다. 날씨에 어울리는 나만의 차 목록을 만들어보세요.

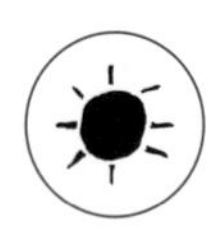

건조하고 맑은 날

건조하고 맑은 날에는 어떤 차라도 맛있게 우러나와요. 하지만 저는 이런 날 꼭 녹차, 혹은 백차를 고릅니다. 이런 날씨에 은은하게 고소하고 부드러운 녹차를 마시면, 섬세한 맛까지 하나하나 느낄 수 있을 거예요. 백차는 이런 날씨에 향미가 날카롭고 예리하게 표현되서 좋습니다.

흐릿하고 묵직한 날

홍차, 보이숙차처럼 산화 혹은 발효도가 높은 차들이 잘 어울립니다. 산화도가 높은 차는 목소리가 큰 사람 같아요. 웬만한 날씨에도 눌리지 않고 스스로를 잘 표현하거든요.

비 오는 날

짙은 향기를 지닌 개성 있는 차를 마셔보세요. 홍차나 우롱차 중에서도 스모키한 향이 나는 차가 있는데요. 이런 날씨에 정말 잘 어울립니다. 자욱하게 향이 깔리는 느낌이 들거든요. 빗소리를 곁들여서 천천히 차를 마셔보세요.

눈 오는 날

팔팔 끓인 물에 내린 백차나 보이숙차를 추천해요. 뜨거운 물에 찻잎이 춤추는 모습을 보는 즐거움은 덤이고요. 뜨거운 잔 너머로 전해는 차의 온기가 좋습니다.

간소한 도구로 즐겨요

다양한 차도구를 갖추기는 부담스럽거나 시간이 없을 땐 간소한 도구로 차를 즐겨보세요. 언제 어디서나, 쉽고 편하게 마셔봐요.

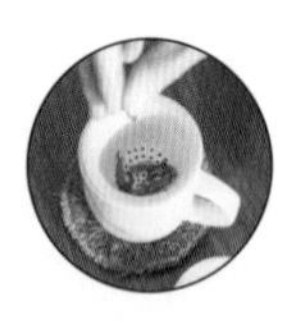

티 머그

머그컵과 스트레이너, 뚜껑으로 구성되어 있습니다. 잎차를 스트레이너에 담고 물을 부어 차를 우려주세요. 다 우린 후, 뚜껑 위에 스트레이너를 올려놓으면 끝. 찻잎은 스트레이너에 걸러져 있어요. 다른 도구 없이 차를 즐길 수 있어 일할 때 사용하기 좋습니다.

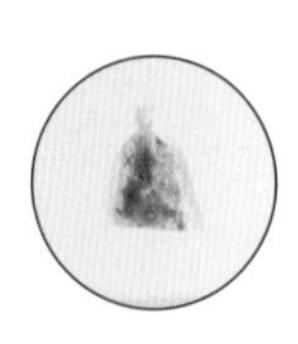

티 필터

차도구를 구매하기 부담스럽다면, 잎차를 넣어 팩처럼 사용할 수 있는 티 필터도 좋습니다. (132쪽)

커피 서버

집에 있는 커피 도구로도 차를 내릴 수 있어요. 뚜껑에 찻잎을 거를 수 있는 망이 있는 제품이 좋습니다. (127쪽)

클레버

원래는 커피 도구지만, 클레버랑 머그컵 하나만 있어도 충분히 차를 우릴 수 있어요. 컵 위에 바로 올리면 차가 우러날 틈 없이 물이 내려가니 주의하세요. (129쪽)

시간이 필요한 차도구로 즐겨요

시간 여유가 있어 지금 이 순간을 충분히 즐기고 싶을 때, 혹은 일부러라도 나만의 시간을 마련하고 싶을 때가 있지요. 이때는 조금은 본격적인 차도구로 차를 즐겨요. 찻자리(136쪽)를 차려 의도적인 쉼을 만들어보세요. 내 손에 알맞는, 그리고 보기에도 좋은 도구로 나를 위한 시간을 가져요.

다관

다관은 차를 우리는 도구입니다. 주전자 모양인 다관 내부에는 찻잎을 걸러주는 거름망이 부착되어 있고, 전체적으로 열을 품어주는 형태입니다. (143쪽)

개완

개완은 중국식 차도구입니다. 뚜껑, 몸통, 받침 세 부분으로 나뉘죠. 뚜껑과 몸통 부분의 틈으로 찻물만 따라내어 사용합니다. 개완은 어느 정도 익숙해져야 사용하기 좋아요. 잡는 법 등을 연습하며 개완과 친해져봐요. (149쪽)

Editor's letter

책에 나온 백차 한 봉을 구해서, 책에 나온 티 필터 열 장에 나눠 담았습니다. 이 리터 물통에 필터 하나를 우려, 냉장고에 넣어두고 밥에 부어 먹습니다. 김 한 가지만 더했는데 훌륭한 오차즈케가 됩니다. 아직 다기 하나 없지만, 생활이 조금씩 달라지고 있습니다. **민**

온종일 사람들을 만나고, 마감할 일들을 쳐내고, 겨우 자연인으로 돌아온 어느 밤. 일상의 속도를 제게 맞게 조절하고 싶었어요. 차가 필요한 순간이었습니다. (그때 차가 필요하다고 이 책에서 배웠습니다) 다관까지 꺼내기엔 번거로워서 귤피차 티백을 택하고, 정수기로 뜨거운 물을 붓고는, 저도 모르게 찬물을 섞고 있었어요. 빨리 마셔야 내일 일찍 일어날 수 있으니까! 하고요. 차 마시는 순간까지도 마음 급한 제 모습에 웃음이 났습니다. '뭐가 그리 급한 거야?' 뜨겁지 않은 차를 후후 불어가며 느긋하게 마셨습니다. 15분이면 충분했어요. 차가 내어준 시간이었습니다. **희**

차 한 잔으로 나의 일상을 돌볼 수 있다는 것을, 작가님들을 만나고 알았습니다. 차는 어렵고 진지한 게 아니라 나의 하루 어디에나 들여놓고 언제든 기댈 수 있는 친근한 존재였던 거예요. 물을 끓이고 차를 우리고 향을 맡는 일상을 주민님들의 하루에 꼭 넣어보세요. 차를 마시며 나의 일상을 돌보는 사람이 되는 건 꽤 근사한 일이랍니다. **현**

차, 라고 하면 어쩐지 조심스러워지는 기분이 들었습니다. 그런데 이 책에서 만난 차는 달랐어요. 저에게 아무것도 시키지 않고 우선 차 한 잔부터 내려주더라고요. 편하고, 즐거운 경험이었습니다. 주민님들께도 이 경험을 선물하고 싶어요. **령**

우리가 매일 차를 마신다면,

1판 1쇄 발행일 2021년 12월 14일 | **1판 3쇄 발행일** 2024년 1월 30일

지은이 맥파이앤타이거
발행인 김학원
발행처 (주)휴머니스트출판그룹
출판등록 제313-2007-000007호(2007년 1월 5일)
주소 (03991) 서울시 마포구 동교로23길 76(연남동)
전화 02-335-4422　**팩스** 02-334-3427
저자 · 독자 서비스 humanist@humanistbooks.com
홈페이지 www.humanistbooks.com
시리즈 홈페이지 blog.naver.com/jabang2017
디자인 스튜디오 고민　**용지** 화인페이퍼　**인쇄** 삼조인쇄　**제본** 정민문화사

자기만의 방은 (주)휴머니스트출판그룹의 지식실용 브랜드입니다.

ISBN 979-11-6080-747-9 13590